Experimental Study on Fracture Properties and Durability of High Performance Concrete

高性能混凝土断裂性能与耐久性能试验研究

李清富　郑连群　靳九贵　张　鹏　著

人民交通出版社股份有限公司
China Communications Press Co.,Ltd.

内 容 提 要

本书以粉煤灰、硅粉和聚丙烯纤维为掺合料，通过混凝土拌和物工作性试验（包括坍落度和扩展度试验、L 形流动仪试验）、基本力学性能试验（包括立方体抗压强度试验、立方体劈裂抗拉强度试验、棱柱体抗压强度试验、弹性模量试验、抗弯拉强度试验及抗弯拉弹性模量试验）、断裂试验和耐久性试验（包括抗渗性试验、抗冻融性试验、碳化试验及干燥收缩试验），较为系统地研究了粉煤灰、硅粉和聚丙烯纤维分别在“单掺”和“混掺”的情况下对高性能混凝土性能的影响规律，为高性能混凝土的推广应用提供了技术支持。

本书可供从事建筑材料和工程建设行业的研究人员及工程技术人员使用，也可作为有关专业研究生的学习参考书。

图书在版编目（CIP）数据

高性能混凝土断裂性能与耐久性能试验研究 / 李清富等著.
——北京：人民交通出版社股份有限公司，2015.2
ISBN 978-7-114-12060-2

Ⅰ.①高… Ⅱ.①李… Ⅲ.①高强混凝土－断裂性能－试验研究②高强混凝土－耐用性－试验研究 Ⅳ.①TU528.31

中国版本图书馆 CIP 数据核字（2015）第 027919 号

书　　名：高性能混凝土断裂性能与耐久性能试验研究
著 作 者：李清富　郑连群　靳九贵　张　鹏
责任编辑：张征宇　郭红蕊
出版发行：人民交通出版社股份有限公司
地　　址：（100011）北京市朝阳区安定门外外馆斜街 3 号
网　　址：http://www.ccpress.com.cn
销售电话：（010）59757973
总 经 销：人民交通出版社股份有限公司发行部
经　　销：各地新华书店
印　　刷：北京市密东印刷有限公司
开　　本：787×1092　1/16
印　　张：8.75
字　　数：180 千
版　　次：2015 年 2 月　第 1 版
印　　次：2015 年 2 月　第 1 次印刷
书　　号：ISBN 978-7-114-12060-2
印　　数：0001－1000 册
定　　价：39.00 元
（有印刷、装订质量问题的图书由本公司负责调换）

前　言

混凝土材料是现代建筑、水利、港口、公路和桥梁等工程中使用最广泛的建筑材料，发挥着其他材料无法替代的作用和功能。最初，混凝土技术的优劣是以强度作为主要依据，特别是20世纪70年代末，由于减水剂和高活性混凝土掺合料的开发和应用，使高强混凝土的制备进入了一个新阶段，采用普通混凝土施工工艺，已能较容易地配制出80～100MPa的高强混凝土。但是，随着破坏造成的结构崩塌事故在各地接连发生，人们意识到混凝土强度的增加带来的脆性问题以及裂缝问题已严重影响到高强混凝土的使用安全，特别是一些大跨结构工程提出的各种苛刻要求，迫使混凝土朝着高性能化方向发展。

随着科学技术和生产技术的发展，在各种复杂环境下使用的重要混凝土结构，如高层建筑、大跨度桥梁、海上平台、海底隧道等，都在不断增加，这些混凝土结构的施工难度大，耐久性要求高，一旦出现意外，后果十分严重。同时，混凝土结构在服役过程中，会产生裂纹、混凝土剥落、局部损伤等病害，使混凝土结构的性能不断降低，不仅直接影响混凝土结构的正常使用，甚至会导致结构坍塌破坏等严重事故，而且，加固和维修这些混凝土结构将会耗资巨大。因此，采用高性能混凝土材料是这些结构的首选。

本书紧紧围绕高性能混凝土的基本力学性能、断裂性能和耐久性能等开展试验研究。全书共分7章，主要内容包括：在分析高性能混凝土（简称HPC）的制备原理的基础上，采用全计算法确定了HPC的配合比，对粉煤灰、硅粉和聚丙烯纤维分别“单掺”、“混掺”的HPC的拌和物工作性进行了研究，得出了各掺合料掺量对HPC工作性的影响规律；通过抗压强度、抗拉强度和静压弹性模量试验，得出了各掺合料掺量对HPC各力学性能指标影响的规律，并对HPC弹性模量计算公式进行研究，以混凝土重度和立方体抗压强度为变量，对试验数据进行回归分析，得出了HPC弹性模量计算公式；采用三分点加载试验方法，对所配制的HPC进行了抗弯拉强度和抗弯拉弹性模量试验，得出了各掺合料掺量对HPC抗弯拉性能影响的规律；采用三点弯曲试验法，对HPC梁式试件进行了断裂性能试验，得出了各掺合料掺量对HPC各断裂参数影响的规律；通过HPC的抗渗性试验、抗冻融试验、碳化试验和干缩性能试验，得出了各掺合料掺量对HPC各耐久性评价指标影响的规律等。

本书在编写过程中，得到了河南省交通运输厅、河南省工程材料和水工结构重点实验室、濮阳豫龙高速公路有限责任公司等单位的大力支持和帮助，河南省交通规划勘察设计院有限责任公司的张海洋同志和河南省交通职业技术学院的孙振华同志参与了本书研究内容的试验和数据整理工作。另外，本书编写过程中还引用了大量的文献资料。在此，谨向为本书完成提供支持和帮助的单位、参考文献的原作者及所有试验人员表示衷心的感谢！

由于作者水平有限，书中尚有许多不妥之处，敬请各界读者朋友批评指正。

著　者

2014年11月于郑州大学

目　　录

第1章　绪　　论

1.1　研究的目的与意义

混凝土材料是现代建筑、水利、港口、公路和桥梁等工程中使用最广泛的建筑材料，发挥着其他材料无法替代的作用和功能[1]。2007年我国生产了超过25亿 m^3 的混凝土，位居世界第一[2]。目前我国仍然处于高速建设时期，对于混凝土的需求增长稳定，根据有关专业研究机构的预测，我国的混凝土产量在今后几年仍然会保持6% ~8%的年增长率。

最初，混凝土技术的优劣是以强度作为主要依据，特别是20世纪70年代末，由于减水剂和高活性混凝土掺合料的开发和应用，使高强混凝土的制备进入了一个新阶段，采用普通混凝土施工工艺，已能较容易地配制出80 ~ 100MPa的高强混凝土。但是，随着破坏造成的结构崩塌事故在各地接连发生，人们意识到混凝土强度增加带来的脆性问题以及裂缝问题已严重影响到高强混凝土的使用安全，特别是一些大跨结构工程提出的各种苛刻要求，迫使混凝土朝着高性能化方向发展。随着科学技术和生产技术的发展，在各种复杂环境下使用的重要混凝土结构，如高层建筑、大跨度桥梁、海上平台、海底隧道等，都在不断增加，这些混凝土结构的施工难度大，耐久性要求高，一旦出现意外，后果十分严重。同时，混凝土结构在服役过程中，会产生裂缝、混凝土剥落和局部损伤等老化问题，混凝土结构的性能不断降低，直接影响着其正常使用，加固和维修这些混凝土结构耗资巨大。人们开始追求更好的混凝土材料，使其具有高耐久性和高工作性等性能，能适用各种严酷的环境。高性能混凝土就这样应运而生。

1990年5月，美国国家标准与技术研究所(NIST)和美国混凝土协会(ACI)率先给出了高性能混凝土(High Performance Concrete ，简称HPC)的定义[3]。HPC是用优质水泥、集料、水和活性细掺料与高效外加剂制成的，同时具有优良耐久性、工作性和强度的匀质混凝土[4]。各国根据不同的工程需要提出了不尽相同的要求和含义，大多数学者认为HPC的强度不应低于50 ~60MPa。日本学者对HPC则更注重混凝土的耐久性和工作性：新拌混凝土不经振捣能够填满模板内所有空间；硬化前期混凝土内不存在因水化作用与干缩引起的初始裂缝；硬化后期具有足够的强度等力学性能与抗渗性，更重视早期强度[5]。欧洲的学者更重视HPC的强度与耐久性，常与高强混凝土并提(HSC/HPC)[6]。

HPC在我国的研究开展虽然较晚，却得到了高度重视，使该项工作取得较大进展。赵国藩认为HPC应具备高强度、高工作性、高耐久性三项指标[7]。冯乃谦认为HPC应满足以下几点要求：水胶比要不大于0.38，组成材料中必须含有高性能减水剂和矿物外加剂；混凝土56d按照ASTMC1202规范6h总导电量 < 1000C；冻害地区冻融300次相对动弹模≥80%，抗

压强度≥60MPa，并具有满足施工要求的流动性[8]。目前对HPC的定义比较多，但在国内最具有代表性的是吴中伟所提的定义。吴中伟认为：HPC是一种新型高技术混凝土，是在大幅度提高混凝土性能的基础上，采用现代混凝土施工技术，选用优质原材料，在严格的质量管理条件下制成的；除了水泥、集料、水以外，必须掺加足够数量的矿物掺合料与高性能外加剂，并具有良好的耐久性、工作性、适用性、体积稳定性、经济合理性和必备的各种力学性能；HPC应根据用途与经济合理等条件对其性能有所侧重，HPC可以向中低强度等级（30MPa）混凝土适当延伸，并指出HPC是一种可持续发展的绿色建筑材料[9]。

根据HPC的定义及其应用中的情况可总结出HPC的特点如下：

（1）工作性能好。高性能混凝土拌和物具有良好的和易性，不泌水，不离析，坍落度、扩展度、坍落度损失等指标均好于普通混凝土，从而保证在施工过程中新拌混凝土的工作性能，提高硬化后混凝土的耐久性。

（2）硬化过程中体积稳定，水化热低，温度峰值及时间可形成梯度，冷却时收缩小，硬化后体积致密，不会因为膨胀或收缩产生微观裂缝。

（3）高性能混凝土可对同强度等级的普通混凝土力学性能加以改善。如提高不同时期的强度，提高弹性模量，减小徐变系数等。

（4）大量使用粉煤灰、硅粉、矿渣等矿物掺合料是配制高性能混凝土不可或缺的保障，同时使用高效减水剂。这些都是使混凝土高性能化的重要保障，并能减少工业废料的污染。

（5）耐久性大大提高。高性能混凝土不一定是高强的，但其工作性能、耐久性等必须是好的，这也是其与普通混凝土的最重要区别。因此，高强混凝土不一定是高性能混凝土，高性能混凝土也不一定是高强的。这个“高”指的是性能好，耐久性好。

随着HPC的广泛应用和发展，目前，配制HPC的途径也很多，可在混凝土中掺加矿物掺合料，如磨细矿渣、粉煤灰、硅灰、天然沸石粉等，还可在混凝土中掺加化学外加剂，如高效减水剂、泵送剂、引气剂、塑化剂、缓凝剂以及掺入纤维材料等。由于每种矿物掺合料、外加剂和纤维材料对HPC力学性能的影响是不一样的，特别是当多种掺合料复合掺入混凝土时，这种“复掺”对HPC的力学特性影响到底如何，目前国内外相关的研究成果比较缺乏。本书将着重研究多掺合料的HPC材料的各种力学性能、耐久性和断裂性能等，以期为高性能混凝土的推广应用提供依据。

1.2 国内外研究现状

1.2.1 粉煤灰在混凝土中的应用

1933年，美国学者R. E. Davis开始致力于砂浆和混凝土中添加粉煤灰的研究，并发表了粉煤灰在混凝土中应用的研究成果，揭开了粉煤灰在混凝土中应用的新纪元。20世纪50年代，由于发展能源工业的需要，使得粉煤灰在水坝这种大体积混凝土中的应用得到普遍推广，并且开始尝试将粉煤灰混凝土用于其他结构中。1953年美国在建造Hungry Horse大坝工程中使用粉煤灰约13万吨，这是粉煤灰在混凝土中的第一个重要的实际应用，也是粉煤灰混凝土技术发展史上的第一座里程碑[10]。在随后几十年的发展中，粉煤灰在混凝土中的应用开始作为一种新的混凝土技术被人们广泛接受。1977 年,芝加哥高层建筑委员会的报告中提出:“符合 ASTMC618(F 级)要求的高品质粉煤灰是生产粉煤灰混凝土的必要组成部分。”[11]1978 年,英国开始研究掺 40% 粉煤灰在混凝土结构中的应用。美国于 1984 年开始研究粉煤灰与高性能减水剂复合配制的混凝土;1989 年,加拿大政府大力资助 HPC 项目的研究开发,该国研究的大掺量粉煤灰 HPC 具有低水胶比、低水化热、高弹性模量、低徐变系数、后期强度增长大、渗透系数低等良好的性能,并且抗氯离子渗透比普通混凝土高,碳化也满足要求。日本亦在 20 世纪 80 年代研究粉煤灰和矿渣复掺的混凝土[12]。另外,粉煤灰混凝土结构在长期使用中的结果表明其具有比普通混凝土更好的耐久性能。在随后的研究中,人们把掺加粉煤灰确定为配制 HPC 的一个有效手段,能使混凝土结构的长期性能得到大幅度改善,延长结构物的使用寿命。

我国粉煤灰混凝土应用技术的研究起于 20 世纪 50 年代,沈旦申等学者首先提出了使用粉煤灰水泥混合材料的建议。三门峡大坝、刘家峡大坝等水利工程中都使用过粉煤灰,起到了降低混凝土水化热、改善混凝土性能的效果,并且节约水泥用量,更主要的是防止了大坝出现裂纹,提高了大坝的防渗性能[13]。1956 年,冶金工业部在干硬性混凝土中开始尝试使用粉煤灰。1958 年,上海在地下工程中采用了粉煤灰混凝土。20 世纪 80 年代初期,沈旦申等学者通过对粉煤灰在混凝土中的作用和行为以及现象学的研究,提出了“粉煤灰效应”理论,即形态效应、活性效应和微集料效应[14]。在广西岩滩水电站的围堰施工中,采用粉煤灰掺量 70% 的碾压混凝土,取得了良好的技术和经济效益;1989 年,广西水电科研所将这项技术推广到道路工程。1991 年,交通部公路科学研究所在江苏淮阴以近似 46% 的粉煤灰掺量的碾压混凝土铺筑了一个楼前广场,得到了满意的强度和耐磨性[15]。1994 年,三峡工程正式开工,在大坝混凝土中,通过掺加 30% 的 Ⅰ 级粉煤灰、高性能减水剂以及引气剂制备出水泥用量少、水化热低、用水量少、抗渗性好、耐久性好的 HPC[16]。近年来,粉煤灰高性能混凝土广泛用于水利、公路、桥梁和高层建筑等工程中,并且在粉煤灰 HPC 中添加其他矿物掺合料,得到性能更优越的混凝土。混凝土中掺入粉煤灰可以节省水泥,减少生产水泥需消耗的能量和减轻生产水泥给人类生存环境带来的负面影响,更重要的是可以改善混凝土的某些性能。因此,粉煤灰混凝土是一种可持续发展的绿色材料。

1.2.2　硅粉在混凝土中的应用

20 世纪 50 年代,斯堪的纳维亚国家就开始对硅粉的作用进行研究,但直到 20 世纪 70 年代硅粉才用于实际工程中[17]。在挪威和瑞典等北欧国家的港口码头、北海油田及地下矿井中率先采用了硅粉混凝土,1982 年挪威在伏诺维斯坝上正式采用了硅粉混凝土[18]。20 世纪 80 年代初,加拿大在魁北克建立了硅粉混凝土预制场,并进行了大体积硅粉混凝土研究[19]。1983 年,美国用硅粉混凝土修补了奥里夫尼河上的卡查坝消力池,效果良好[20]。随后各国都相继开始对硅粉混凝土进行研究,并大量用于道路、桥梁、水坝、高层建筑等工程中。日本的 Yamato 等人[21]通过试验得出非引气混凝土水胶比为 0.25 时,不管硅粉的掺量多少,都有良好的抗冻耐久性。1999 年,美国的 Houssam A,Toutanji 和 Ziad Bayasi[22]的研究结果表明,蒸汽养护比湿润养护和自然干燥条件下的硅粉混凝土抗压强度都高,当硅粉掺入量超过 15% 后,任何养护方式下混凝土的抗弯强度都将显著降低。2003 年,新加坡 M. H. Zhang 等人[23]的研究结果表明,混凝土干缩随着水胶比的减小而增大,随着硅粉掺量的增加而增大。2004 年,沙特阿拉伯 Abdullah A. Almusallam 等人[24]的研究表明,粗集料种类对硅粉混凝土抗压强度和抗拉强度有重要的影响。2007 年,韩国 Ha – Won song 等人[25]的研究结果表明:混凝土中加入硅粉提高了混凝土的密实度,从而可明显降低氯离子的侵蚀速度,当硅粉掺量超过 12% 时,硅粉对氯离子侵蚀速度的影响不再提高。

我国对硅粉研究和应用的时间只有二十几年。1985 年,水利电力部东北勘测设计院科研所和水利电力部第十工程局首次在四川渔子溪二级电站中使用了硅粉混凝土,在厂房混凝土中采用 3% ~7% 的硅粉掺量,提高了混凝土早期强度,加快了模板周转;在引水隧洞喷射混凝土中,采用 7.5% 的硅粉掺量,减少了混凝土的回弹量。南京水利科学研究院在大伙房水库工程、龙羊峡泄水建筑物和葛洲坝泄水闸修补等工程中都采用了硅粉混凝土,并在一些水电站工程修补中应用了硅粉水泥灌浆液[26]。1990 年,范沈抚[27]的研究表明,在相同含气量的情况下,掺 15% 的硅粉混凝土比不掺硅粉混凝土的气孔结构有很大的改善。1991 年,丁雁飞和孙景进[28]通过试验得出结论:非引气硅粉混凝土的抗冻耐久性比基准混凝土要高。2001 年,黄河小浪底水利工程[29]采用了粉煤灰和硅粉双掺的混凝土,结果表明双掺比单掺早期强度增长系数要高,与基准混凝土早期增长系数相当,并且双掺能最大限度地代替水泥,但不影响混凝土的早期强度。2006 年,薛航[30]研究了掺硅粉路面混凝土的路用性能和施工工艺及技术经济性,研究结果表明,掺入适量硅粉可以极大改善路面混凝土的路用性能,尤其是抗折强度、抗疲劳性能、耐磨性能、抗冻性能和脆性等,从而延长了路面的使用年限。硅粉大量地用于混凝土中,能大幅度提高混凝土的强度,但是用于 HPC 中还不多,主要是由于硅粉颗粒极细,加入 HPC 后将对混凝土的工作性能产生不利影响,但是加大减水剂的用量能很好地解决这一问题,将扩大硅粉 HPC 的应用范围。

1.2.3 聚丙烯纤维在混凝土中的应用

20 世纪 60 年代中期,Goldfein 开始用合成纤维作水泥砂浆增强材料的研究,发现聚丙烯、尼龙、聚乙烯等纤维有助于提高砂浆的抗冲击性[31],开启了人们对聚丙烯研究的序幕。Zollo 等人[32]的研究结果表明:混凝土中添加体积率为 0.1% ~0.3% 的聚丙烯纤维,可使混凝土的塑性收缩减少 12% ~25%。20 世纪 70 年代,聚丙烯纤维混凝土制品得到了蓬勃发展。国外的诸多研究结果表明[33-34],聚丙烯纤维对混凝土的作用主要是限制了混凝土早期裂缝的生成与发展,增强了混凝土抗裂性,改善了混凝土的延性。目前,在国外广泛应用的聚丙烯纤维大多为美国希尔兄弟化工公司生产的杜拉纤维(Durafiber),它能有效地控制混凝土或砂浆的塑性收缩、干缩、温差变形等因素引起的微裂缝,防止及抑制裂缝的形成及发展[35]。

我国关于合成纤维混凝土的研究和应用始于 20 世纪 90 年代,并且主要集中于对聚丙烯纤维混凝土的物理、力学性能的研究。曹诚等人[36]的研究结果表明:聚丙烯纤维能有效降低混凝土塑性裂缝的宽度,随着聚丙烯纤维的细度和掺量的增大,能进一步减小混凝土中纤维的间距,增强阻裂效应。华渊等人[37]的研究结果表明:与基准混凝土相比,随着聚丙烯纤维体积率的增加(0% ~1.1%),混凝土抗压强度变化很小,抗折强度提高了12% ~26%,韧性也随之增加。大连理工大学戴建国和黄承逵等人[38]研究了网状聚丙烯纤维混凝土,结果表明低弹性模量纤维混凝土不仅可以防止塑性收缩裂缝,而且还可以改善结构的延性和韧性。

聚丙烯纤维能有效限制早期混凝土的塑性收缩,阻止混凝土原生裂缝的发生和发展,减少原生裂缝的数量,聚丙烯纤维混凝土能提高混凝土的抗冲击、抗疲劳能力。这些优异的性能,使聚丙烯纤维广泛用于工业与民用建筑、水利与水电工程、道路与桥梁工程以及隧道工程中。

1.2.4　高性能混凝土耐久性研究现状

自从高性能混凝土的概念出现后,很多国家都予以充分重视,对高性能混凝土及其耐久性进行了深入的研究。高性能混凝土是近年来混凝土技术发展的主要方向,国外学者曾称之为"21世纪混凝土",挪威于1986年首先对此进行了研究,在1990年由美国国家标准与技术研究院(NIST)与美国混凝土学会(ACI)共同主办的一次研讨会上正式定名[39-40],认为高性能混凝土是采用优质水泥、集料、水和活性细掺料与高效外加剂制成的,同时具有优良的耐久性、工作性和强度的匀质混凝土。之后,不同国家不同学者对高性能混凝土提出了不同的解释或定义,尽管侧重点各有不同,但在主要功能方面都能达成共识,即认为在达到强度的同时,具有良好的工作性、经济性和耐久性,特别适用于桥梁、港工、核反应堆以及高速公路等重要的混凝土建筑结构。

在高性能混凝土出现或被定义之前,人们也针对普通混凝土耐久性问题进行深入思考和研究。早在1880~1890年,第一批钢筋混凝土构件问世,人们就开始考虑钢筋混凝土能否在化学腐蚀条件下安全使用,虽然没有提出"耐久性"一词,但这是人们开始思考耐久性的雏形[41]。此后,针对混凝土长期作用下的不同损伤,各国学者进行了深入研究[42],如20世纪40年代,美国学者T. E. Stanton发现并定义了碱—集料反应;1945年,Powers等人针对冻融破坏提出了静水压假说和渗透压假说等,都为后来混凝土耐久性问题的全面提出和研究奠定了基础。1957年,美国混凝土学会(ACI)成立了"ACI-201委员会",负责指导和协调混凝土耐久性方面的研究。此后,各国及国际组织都相应成立了有关耐久性研究的组织,或定期召开学术会议,以此来推动混凝土耐久性的研究。

高性能混凝土于20世纪80年代出现后,各国在原有混凝土发展的基础上开始对其进行研究。1986~1993年,法国组织政府研究机构、高等院校、建筑公司等23个单位开展了"混凝土新方法"的研究项目,进行高性能混凝土的研究,并建成了示范工程;1996年,法国公共工程部、教育与研究部组织了为期四年的国家研究项目"高性能混凝土2000",投入研究经费550万美元;1988~1993年,日本建设省进行了一项综合开发计划"钢筋混凝土结构建筑物的超轻质、超高层化技术的开发"(简称"新RC计划"),为实施该项计划研究,共成立了5个分会,其中高强混凝土材料分会由水泥协会、建筑协会建设省研究所、建材试验中心、化学外加剂协会等机构和多所高等院校以及有关公司参加;1994年,美国联邦政府16个机构联合提出了一个在基础设施工程建设中应用高性能混凝土的建议,并决定在10年内投资

2亿美元进行研究和开发;美国国家自然科学基金(NSF)、美国国家标准与技术研究所(NIST)、美国联邦公路管理局(FHWA)以及一些州政府的运输部和美国工程兵等机构,都一直投入大量经费,资助高强混凝土和高性能混凝土的研究;1991~1997年,瑞典政府联合出资5200万,实施高性能混凝土研究的国家计划;1999年,美国NIST的建筑与防火研究实验室(BFRL)在国际互联网上公布了一个"高性能混凝土技术的伙伴关系(PHPCT)",由工业界四个大企业和国家预拌混凝土协会、波特兰水泥协会协作,承担"商品高性能混凝土结构项目中计算机集成知识系统(CIKS)的开发"的国家重点研究计划[43]。

在应用上,日本早在20世纪70年代就采用HPC预应力桁架修建了几座铁路桥梁,以减少交通静荷载,降低活载作用下的结构反应,消除火车营运过程中产生的噪声和振动问题;法国自1986年起就进行了高性能混凝土研究并建造示范工程,1989年采用C70的高性能混凝土建造了伊沃纳(Yvonne)河桥,并采用体外预应力索的结构形式,使混凝土的用量减少30%,自重降低24%[44];在美国,随着对HPC的研究和认识的深入,1993年美国联邦公路管理局发起了在全国公路桥梁建设中推广应用高性能混凝土的计划,1995年修建完成了首座全部采用HPC的桥梁—洛埃塔跨线桥(Louetta Road Overpass),混凝土设计强度为69MPa;挪威结合北海海洋石油开发的需要,是较早对高性能混凝土开展研究的国家之一,至今已建造了数十个海洋采油平台,成功地经受了非常恶劣的海洋环境。为了提高结构的耐久性,挪威所有的桥梁混凝土必须掺粉煤灰或硅粉,水胶比不得超过0.4[45]。近二十年来,挪威在HPC方面的研究发展非常迅速,在HPC的抗渗性研究等方面已走在世界的前列,而且是最先用HPC修筑公路路面的国家,已经拥有C105级混凝土结构设计规范,成为目前应用超高强混凝土最好的国家[43]。

我国对HPC及其耐久性的研究是在高强混凝土和普通混凝土耐久性研究的基础上发展起来的。从20世纪80年代末90年代初,清华大学率先把高强混凝土列为国家自然科学基金重点项目进行研究,此后各省市相继列项研究,取得一批成果[46]。在此基础上,随着对高强混凝土仅仅片面的高强度而工作性等不能满足要求的局限性的深入认识,及生产实际中对结构物更高的耐久性追求,又掀起了HPC的研究热潮。结合过去几十年我国混凝土耐久性研究的成果和高性能混凝土的理念,进行了高性能混凝土耐久性的研究,取得了一定的研究成果。针对不同外加剂、不同掺合料对高性能混凝土耐久性的影响和贡献进行了大量的理论和试验研究。如认识到粉煤灰、硅粉、矿渣等矿物作为混凝土胶凝材料的一部分,能改善传统混凝土的孔结构及工作性能,同时能增加混凝土的致密性,减少水泥用量,提高抗渗性、抗冻性、降低水化热等;纤维能减少高性能混凝土的塑性收缩,提高其抗裂性等。同时国家也越来越重视新型HPC及其耐久性的研究应用,设立了国家重点科技攻关项目[47],如1993年国家自然科学基金会、建设部、铁道部和国家建材局联合资助了重点科研项目《高强与高性能混凝土材料的结构力学性态研究》;1999年中国土木工程学会高强与高性能混凝土委员会(HSCC)编写了《高强混凝土结构设计与施工技术规程》(CECS104:99);南京水利科学研究院开发了耐磨蚀高性能混凝土,并提供了这类混凝土的综合参数和性能等。

除了与研发并进,在应用上也取得了很大进展,完成了多个高性能混凝土工程试点项目[47]。目前,C60的HPC已广泛应用于桥梁、高层建筑及海洋结构等工程,C80混凝土也在工程中试点应用。如上海东方明珠电视塔下部塔身采用C60粉煤灰混凝土,并将这种混凝土成功地泵送到350m的高处;上海金茂大厦4m厚底板一次连续浇筑1.35万m^3的C50粉煤灰高性能混凝土;北京首都机场新候机楼共26万m^3的混凝土中,除基础外,所有墙、梁、板、柱均采用坍落度为20~22cm的C60高性能混凝土。桥梁工程方面相继采用高性能混凝土技术建成了C60三门峡黄河公路大桥、C50上海杨浦大桥、C50武汉长江二桥、C60万县长江大桥、C50广州虎门大桥等。

虽然HPC在我国已经有了一些应用实例,但与美国、日本、挪威等国家相比,HPC的应用水平和规模均相当落后,在工程中应用尚处于初级阶段,关于HPC的技术标准也尚需修改和制定。近年来,我国的高强混凝土和高性能混凝土的研究、应用发展较快,也正在逐步地走向正规和系统。1997年3月,吴中伟教授在高强高性能混凝土会议上又指出[48],高性能混凝土应更多地掺加以工业废渣为主的掺合料,更多地节约水泥熟料,并提出了绿色高性能混凝土(GHPC)的概念,对绿色高性能混凝土必须走可持续发展道路的观念深入人心起到了重要的作用。从世界范围看,人类对陆地的开发已日趋饱和,高性能混凝土正适合今后开发有巨大潜力的海洋资源的需要,因此高性能混凝土是可持续发展的混凝土。

1.3 本书主要研究内容

基于国内外HPC的研究现状,按照高性能混凝土的设计理念,配制以粉煤灰、硅粉、聚丙烯纤维和化学外加剂复掺的HPC,着重研究粉煤灰、硅粉和聚丙烯纤维"单掺"、"双掺"和"三掺"HPC的各种力学性能、断裂韧性和耐久性,主要研究内容为:

(1)分析HPC的制备原理,并采用全计算法确定HPC的配合比。对粉煤灰、硅粉和聚丙烯纤维分别"单掺"、"双掺"和"三掺"的新型HPC的拌和物工作性进行研究,在试验结果基础上分析粉煤灰、硅粉和聚丙烯纤维分别在"单掺"、"双掺"和"三掺"的情况下对HPC工作性影响的作用机理,得出各掺合料掺量对HPC工作性的影响规律。

(2)通过抗压强度、抗拉强度和静压弹性模量试验,分析粉煤灰、硅粉和聚丙烯纤维分别在"单掺"、"双掺"和"三掺"的情况下对HPC抗压强度、抗拉强度和静压弹性模量影响的作用机理,得出各掺合料掺量对各力学性能指标影响的规律,并对HPC弹性模量计算公式进行研究,以混凝土重度和立方体抗压强度为变量,对试验数据进行回归分析,得出HPC弹性模量计算公式。

(3)采用三分点加载试验方法,对所配制HPC进行抗弯拉强度和抗弯拉弹性模量试验,分析粉煤灰、硅粉和聚丙烯纤维分别在"单掺"、"双掺"和"三掺"的情况下对HPC抗弯拉强度和抗弯拉弹性模量影响的作用机理,得出各掺合料掺量对HPC抗弯拉性能影响的规律。

(4)采用三点弯曲试验法,对HPC梁式试件进行断裂性能试验,以断裂韧度(K_{IC})、断裂能(G_F)、裂缝嘴张开位移($CMOD$)和裂缝尖端张开位移($CTOD$)等断裂参数为评价指标,分析粉煤灰、硅粉和聚丙烯纤维分别在"单掺"、"双掺"和"三掺"的情况下对高性能混凝土断裂性能影响的作用机理,得出各掺合料掺量对HPC各断裂参数影响的规律。

(5) 通过 HPC 的抗渗性试验、抗冻融试验、碳化试验和干缩性能试验,分析粉煤灰、硅粉和聚丙烯纤维分别在"单掺"、"双掺"和"三掺"的情况下对 HPC 渗水高度、300 次冻融循环后的相对动弹性模量、不同龄期(3d、7d、14d、28d 和 35d)碳化深度和试件 90d 干缩值影响的作用机理,得出各掺合料掺量对各耐久性评价指标影响的规律。

第2章　原材料、试验方案及配合比设计

2.1　HPC原材料

高性能混凝土使用的原材料基本上与普通混凝土所使用的原材料相同，包括水泥、粗集料、细集料、水，同时还必须包括矿物掺合料和外加剂。由于高性能混凝土的要求和特点，原材料中对普通混凝土影响不明显的因素，对HPC可能影响显著。本试验所用的原材料有水泥、Ⅰ级粉煤灰、硅粉、聚丙烯纤维、粗集料、细集料、水和高性能减水剂。

2.1.1　水泥

HPC一般所用的水胶比很低，要满足施工的工作性要求，水泥用量就得增大；为了减小收缩和降低混凝土内部升温，又要降低水泥用量。因此，用于高性能混凝土的水泥要同时具有高强度和较好的流变性能。对于高性能混凝土，为了保证水泥质量的稳定，要求禁止使用立窖水泥[49]。

本试验采用河南孟电集团水泥有限公司生产的P.O.42.5普通硅酸盐水泥。各项性能指标根据《公路工程水泥及水泥混凝土试验规程》(JTG E30—2005)进行测试[50]，结果见表2.1。

水泥各项指标　　表2.1

序号	测试内容	P.O.42.5标准指标	测试结果
1	比表面积(m^2/kg)	≥300	374
2	密度(g/cm^3)	—	3.05
3	标准稠度(%)	—	26.5
4	初凝时间(min)	≥45	164
5	终凝时间(min)	≤600	224
6	安定性(mm)(雷氏值)	≤5	1.5
7	细度(%)(80μm筛余)	≤10.0	0.5
8	3d抗折强度(MPa)	≥3.5	5.4
9	28d抗折强度(MPa)	≥6.5	8.6
10	3d抗压强度(MPa)	≥17.0	26.7
11	28d抗压强度(MPa)	≥42.5	47.5
12	总碱含量(%)	—	0.81
13	SO_3(%)	≤3.5	2.56
14	MgO(%)	≤5.0	3.15
15	烧失量(%)	≤5.0	2.7
16	氯离子(%)	≤0.06	0.021

2.1.2 粉煤灰

粉煤灰也称飞灰[51]，是由燃煤电厂从烟道收集的灰尘，其中含有大量球状玻璃珠，以及莫来石、石英和少量的矿物结晶等物质。粉煤灰一般分为低钙粉煤灰和高钙粉煤灰两类。低钙粉煤灰是无烟煤和烟煤的燃烧物，CaO 的含量小于 10%；高钙粉煤灰为褐煤和亚烟煤的燃烧物，CaO 含量一般大于 10%。拌制混凝土和砂浆用的粉煤灰分为三个等级：Ⅰ级、Ⅱ级、Ⅲ级。高性能混凝土中掺入Ⅰ级粉煤灰有利于降低水胶比，提高化学外加剂的作用效果，提高混凝土的强度等级。

本试验所用的粉煤灰为山西长治易天粉煤灰有限公司生产的Ⅰ级粉煤灰，其品质指标检验按照《用于水泥和混凝土中的粉煤灰》(GB/T 1596—2005)标准进行[52]，其结果见表 2.2。

Ⅰ级粉煤灰品质检验结果 表 2.2

序号	测试内容	Ⅰ级	测试结果
1	细度(%)(0.045mm 方孔筛余)	≤12	8.9
2	需水量比(%)	≤95	92
3	烧失量(%)	≤5	2.15
4	含水率(%)	≤1	0.27
5	SO_3(%)	≤3	0.21
6	密度(g/cm^3)	—	2.16

2.1.3 硅粉

硅粉又称硅灰，是铁合金厂在冶炼硅铁合金或金属硅时，从烟气净化装置中回收的工业烟尘，在袋滤器中收集。硅粉的主要成分是 SiO_2，一般占 85% ~96%，绝大部分是无定形氧化硅，其他成分含量都较少。SiO_2 的含量和细度是硅粉的重要指标，SiO_2 含量越高，细度越细，则硅粉对混凝土的效果越好[53]。

本试验用 SiO_2 含量为 92% 的硅粉，密度为 2.21g/cm^3。

2.1.4 粗集料

高性能混凝土的粗集料，应选用级配良好的碎石或卵石。粗集料的粒径、粒形、表面状况、级配以及软弱颗粒和石粉含量等，都影响着混凝土的工作性能和强度。与普通混凝土相比，粗集料的最大粒径对 HPC 的影响更为显著。用小粒径的石子时，水泥浆体和单个石子界面过渡层的周长和厚度都要小些，难以形成较大的缺陷，有利于界面强度的提高；另外，小粒径的石子，本身缺陷的概率就小些[49]。一般，高性能混凝土粗集料的最大粒径不宜大于 25mm。

本试验所用的粗集料为石灰岩碎石，颗粒级配符合 4.75 ~ 19.5mm 的连续级配，最大粒径为 20mm，其中粒径为 4.75 ~ 9.5mm 的碎石占 30%，粒径为 9.5 ~ 19.5mm 的碎石占 70%，筛分结果见图 2.1,粗集料性能检验指标按照《公路工程集料试验规程》(JTG E42—2005)进行[54],结果见表 2.3。

碎 石 物 理 性 能　　表 2.3

粒径(mm)	表观密度(g/cm^3)	饱和面干密度(g/cm^3)	含泥量(%)	针、片状颗粒含量(%)	压碎值(%)	坚固性(%)	有机物含量(比色法)
4.75~9.5	2.740	2.712	0.6	5	—	—	符合要求
9.5~19.5	2.756	2.731	0.4	3	9.1	2	符合要求

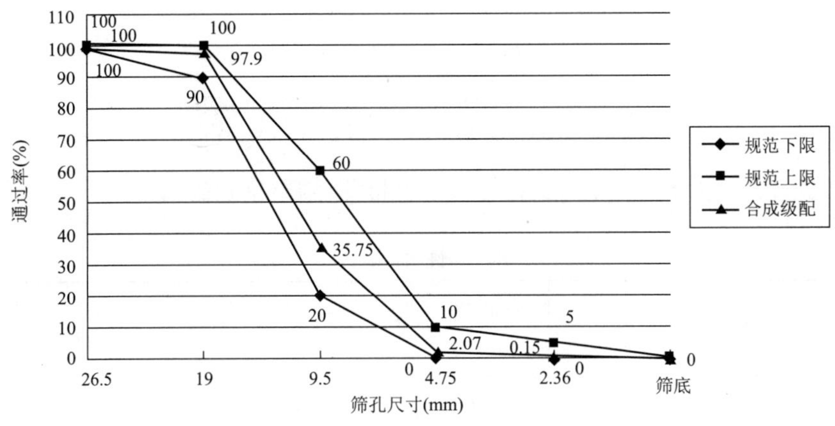

图 2.1　碎石筛分曲线

2.1.5　细集料

混凝土中的细集料,一般采用河砂、海砂和人工砂等。其中,河砂品质最好。本试验采用天然河砂,按照文献[54]进行河砂的质量检测,其结果见表 2.4,细度模数为 2.82,其筛分曲线见图 2.2。

砂 子 物 理 性 能　　表 2.4

项目	表观密度(g/cm^3)	堆积密度(g/cm^3)	紧装密度(g/cm^3)	SO_3含量(%)	轻物质含量(%)
检测值	2.619	1.471	1.686	0.02	0.2
项目	云母含量(%)	含泥量(%)	坚固性(按质量损失计%)	有机物含量(比色法)	泥块含量(%)
检测值	0.2	1	4	合格	0.1

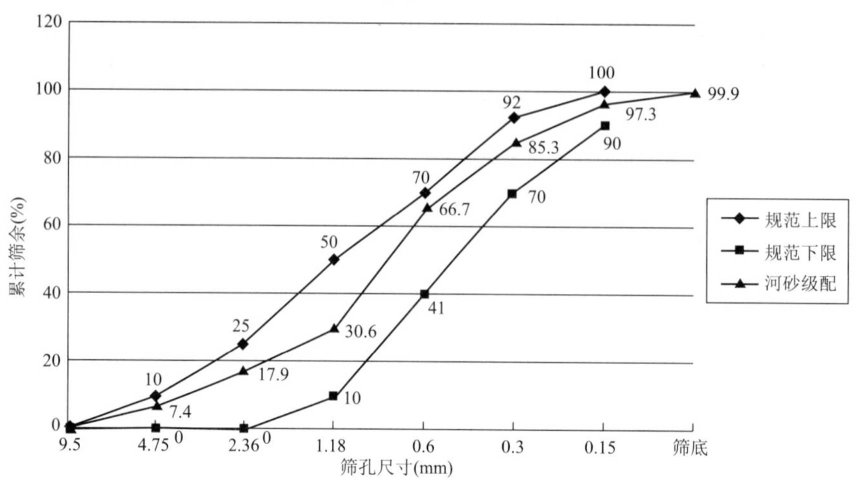

图 2.2　砂子筛分曲线

2.1.6　水

水采用饮用水，按照文献[55]进行各项指标检测，结果见表 2.5。

水的性能指标　　表 2.5

检测项目	pH 值	可溶物(mg/L)	不溶物(mg/L)	硫酸根含量(mg/L)	氯离子含量(mg/L)	总碱度(毫克当量/升)
检测结果	6.7	1058	104	230.59	161.13	9.0

2.1.7　高性能减水剂

高性能减水剂是制备高性能混凝土必不可少的外加剂。正确使用高性能减水剂，能降低混凝土的水胶比，使混凝土具有良好的工作性，得到更加均匀的混凝土拌和物。目前，高性能减水剂主要有萘系高性能减水剂、蜜胺系高性能减水剂、氨基磺酸盐系高性能减水剂、脂肪族高性能减水剂和聚羧酸盐系高性能减水剂[51,56]。减水率一般都在 15% ~30%。

本试验用的是山西黄河新型化工有限公司生产的 HJSX－A 聚羧酸高性能减水剂，减水率为 22.0%。其性能指标按照《混凝土外加剂》(GB 8076—2008)规范进行检测[57]，结果见表 2.6。

高性能减水剂的各项指标　　表 2.6

检测项目	固体含量(%)	密度(g/cm^3)	pH 值	氯离子含量(%)	总碱量(%)	水泥净浆流动度(mm)	减水率(%)
检测结果	24.36	1.062	4.92	0.078	1.2	260	22.0

2.1.8 聚丙烯纤维

聚丙烯纤维是从单体 C_3H_6 聚合成的高分子碳氢化合物，其化学稳定性好，不与酸、碱以及有机溶剂发生反应。聚丙烯纤维表面有疏水性，并且耐热性良好[58]。混凝土中掺入聚丙烯纤维，能有效阻止混凝土早期塑性收缩，还能提高混凝土的抗冲击能力和抗疲劳能力。

本试验采用江苏丹阳合成纤维厂生产的"C-X"系列"丹强丝"。"丹强丝"为束状单丝，将几种不同规格、不同截面的改性聚丙烯纤维按一定的比例均匀地混合在一起。该纤维掺入混凝土中后，具有良好的分散效果。束状聚丙烯单丝短纤维的质量检测结果见表2.7。

聚丙烯纤维的性能指标 表2.7

项　目	检测结果	项　目	检测结果
线密度(dtex)	10~20	抗拉强度(MPa)	450
拉伸极限(%)	≤28	抗拉强度(酸)(MPa)	≥450
拉伸极限(酸)(%)	≤28	抗拉强度(碱)(MPa)	≥450
拉伸极限(碱)(%)	≤28	弹性模量(MPa)	≥4100
酸性溶解度(%)	≤0.2	碱性溶解度(%)	≤0.2
含湿度(%)	≤0.15	熔点(℃)	160~170
密度(g/cm^3)	0.91	长度(mm)	10~20

2.2 配合比设计

2.2.1 配合比确定

混凝土是多组分的不均匀多相体，每种材料的变化，都会对混凝土的工作性能、力学性能和耐久性产生影响。高性能混凝土比普通混凝土多了矿物掺合料和高性能减水剂，配合比设计变得更为复杂，普通混凝土配合比设计的方法对高性能混凝土已不适用。国内外提出多种HPC配合比设计方法，比较著名的有：

(1)美国Mehta和Aitcin推荐的方法[59-60]：采用适宜的集料，即固定浆体与集料的体积比为35∶65时，可以很好地解决强度、工作性和体积稳定性之间的矛盾。

(2)法国路桥实验中心(LCPC)建议的方法[61]：对胶结料浆体进行流变试验，对砂浆进行力学试验，这样可减少大量的试验工作量。该方法适用于60~100MPa高性能混凝土的配制。

(3)日本阿部道彦方法[49]：在试验基础上，确定适当原材料和给定配制条件下HPC的配合比计算流程。配合比设计中混凝土的配制强度、空气含量和坍落度是给定的，采用Abrams公式计算水胶比。

(4)陈建奎等提出的高性能混凝土配合比全计算法[56,62]：该方法首先建立普遍适用的混凝土体积模型，经科学推导求得HPC用水量和砂率计算公式，再结合传统的水胶比定则和固定的浆体与集料体积比，即可全面定量地确定混凝土各组成材料用量。

本试验采用全计算法来配制C50高性能混凝土。1m^{3}C50高性能混凝土中各种材料用

量计算步骤如下:

①配制强度确定。

$$f_{cu,p} \geqslant f_{cu,o} + 1.645\sigma \tag{2.1}$$

式中:$f_{cu,p}$——混凝土配制强度(MPa);

σ——混凝土配合比校正系数,该式中取6;

$f_{cu,o}$——混凝土立方体抗压强度标准值,该式中为50MPa。

由式(2.1)可确定出混凝土的配制强度为59.87MPa。

②水胶比确定。

早在1919年,Duff Abrams就发表了混凝土强度的水灰比定律。经过后人简化计算后,发现混凝土抗压强度与水胶比的倒数呈线性关系,如式(2.2)所示。

$$f_{cu,p} = A \times f_{ce}\left(\frac{c}{w} - B\right) \tag{2.2}$$

$$f_{ce} = r_c \times f_{ce,g} \tag{2.3}$$

式中:$f_{cu,p}$——混凝土的配制强度(MPa);

f_{ce}——水泥的实测强度(MPa);

c/w——混凝土的胶水比;

$f_{ce,g}$——水泥强度等级值(MPa);

r_c——水泥强度等级值的富余系数,取1.05;

A、B——回归系数,对于碎石混凝土A取0.46,B取0.07。

由式(2.2)和式(2.3),得出$w/c=0.3348$,取水胶比为0.32。

③用水量。

用水量W由式(2.4)计算。

$$W = \frac{V_e - V_a}{1 + \frac{1}{(1-X)\rho_c + X\rho_f} \times \left(\frac{c}{w}\right)} \tag{2.4}$$

式中:V_e——$1m^3$混凝土中的浆体体积,取$350L/m^3$;

V_a——$1m^3$混凝土中的空气体积,取$20L/m^3$;

c/w——混凝土的胶水比;

X——矿物掺合料的掺量,取20%;

ρ_c——水泥的密度,取$3.05g/cm^3$;

ρ_f——矿物掺合料的密度,取$2.18g/cm^3$。

由公式(2.4)计算出用水量为158.2kg。取用水量W为158kg。

④胶凝材料用量。

$$C = \frac{W}{\frac{w}{c}} = 158 \div 0.32 = 493.75(\text{kg})$$

取胶凝材料用量C为494kg。

⑤砂率SP。

$$SP = \frac{V_{es} - V_e + W}{(1000 - V_{es} - W) \times \rho_g + (V_{es} - V_e + W) \times \rho_s} \times 100\% \tag{2.5}$$

$$V_{es} = 1000 \times (1 - \frac{\rho_b}{\rho_g}) \tag{2.6}$$

式中：V_{es}——干砂浆体积，包括 $1m^3$ 混凝土水泥、矿物掺合料、砂子和空气的体积；

V_e——$1m^3$ 混凝土中的浆体体积，取 $350L/m^3$；

W——$1m^3$ 混凝土中水的用量，取 158L；

ρ_g——石子的表观密度；

ρ_s——砂的表观密度，取 $2.619g/cm^3$；

ρ_b——碎石的堆积密度。

30% 的 4.75 ~ 9.5mm 碎石和 70% 的 9.5 ~ 19.5mm 碎石合成后的石子表观密度为 $2.751g/cm^3$，堆积密度为 $1.568\ g/cm^3$。

由式(2.5)和式(2.6)计算出砂率 SP 为 35.5%。取砂率 SP 为 36%。

⑥集料用量的确定。

取高性能混凝土的重度为 $2450kg/m^3$。

砂子用量 S 为：$(2450 - W - C) \times SP = 647.28$kg，取为 647kg；

碎石用量 S 为：$2450 - W - C - S = 1151$kg。

4.75 ~ 9.5mm 碎石用量为 345.3kg，9.5 ~ 19.5mm 碎石用量为 805.7kg。

⑦高性能减水剂掺量确定。

拌和物坍落度控制在 20cm ± 2cm 范围内，经试拌后确定高性能减水剂掺量为胶凝材料质量的 1.0%，即 4.94kg。

最终可得基准配合比为：

水泥：砂：碎石：水：外加剂 = 494：647：1151：158：4.94 = 1：1.31：2.33：0.32：0.01。

2.2.2　试验方案确定

根据高性能混凝土的要求，通过加入掺合料、外加剂等，在满足高强度的基础上，获得高耐久性。本试验拟选取 3 种掺合料：粉煤灰、硅粉和聚丙烯纤维，对混凝土配合比进行调整，采用粉煤灰和硅粉等量取代水泥的掺加方式。在掺 20% 粉煤灰 HPC 配合比基础上，固定用水量和水灰比，选取 4 种粉煤灰掺量：10%，15%，20%，25%；4 种硅粉掺量：3%，6%，9%，12%；4 种聚丙烯纤维掺量：$0.5kg/m^3$，$0.7kg/m^3$，$0.9kg/m^3$，$1.1kg/m^3$；最终确定 17 组配合比，见表 2.8。

$1m^3$ 混凝土各材料用量　　表 2.8

试验编号	水泥(kg)	粉煤灰		硅粉		纤维(kg)	砂(kg)	碎石(kg)	水(kg)	减水剂(kg)
		用量(kg)	掺量(%)	用量(kg)	掺量(%)					
S1	494.0	0	0	0	0	0	647	1151	158	4.94
S2	444.6	49.4	10	0	0	0	647	1151	158	4.94

续上表

试验编号	水泥(kg)	粉煤灰		硅粉		纤维(kg)	砂(kg)	碎石(kg)	水(kg)	减水剂(kg)
		用量(kg)	掺量(%)	用量(kg)	掺量(%)					
S3	419.9	74.1	15	0	0	0	647	1151	158	4.94
S4	395.2	98.8	20	0	0	0	647	1151	158	4.94
S5	370.5	123.5	25	0	0	0	647	1151	158	4.94
S6	479.2	0	0	14.8	3	0	647	1151	158	4.94
S7	464.4	0	0	29.6	6	0	647	1151	158	4.94
S8	449.5	0	0	44.5	9	0	647	1151	158	4.94
S9	434.7	0	0	59.3	12	0	647	1151	158	4.94
S10	405.1	74.1	15	14.8	3	0	647	1151	158	4.94
S11	390.3	74.1	15	29.6	6	0	647	1151	158	4.94
S12	375.4	74.1	15	44.5	9	0	647	1151	158	4.94
S13	360.6	74.1	15	59.3	12	0	647	1151	158	4.94
S14	390.3	74.1	15	29.6	6	0.5	647	1151	158	4.94
S15	390.3	74.1	15	29.6	6	0.7	647	1151	158	4.94
S16	390.3	74.1	15	29.6	6	0.9	647	1151	158	4.94
S17	390.3	74.1	15	29.6	6	1.1	647	1151	158	4.94

本试验中，对17组配合比的HPC分别进行抗压强度试验、劈裂抗拉强度试验、抗压回弹模量试验、抗弯拉强度试验、抗弯拉弹性模量试验、断裂试验、抗冻性试验、抗渗性试验、抗碳化试验和抗干缩试验等。根据各种具体性能指标，安排不同的试验龄期，具体的试验内容见表2.9。

试验内容 表2.9

性能指标	试验龄期(d)	每龄期试件个数(个)	试件尺寸(mm)
立方体抗压强度	3d,7d,28d,90d	3	150×150×150
立方体劈拉强度	3d,7d,28d,90d	3	150×150×150
轴心抗压强度	28d	3	150×150×300
抗压弹性模量	28d	3	150×150×300
抗弯拉强度	28d	3	100×100×400
抗弯拉弹性模量	28d	3	100×100×400
断裂试验	28d	5	100×100×515
抗渗试验	28d	6	Φ175×150×185
冻融试验	28d	3	100×100×400
碳化试验	28d(90d)	3	100×100×100
干缩试验	1d,3d,7d,14d,28d,60d,90d	3	100×100×400

2.2.3　试件制备及养护

拌制混凝土的材料用量以质量来计，为了减小其对混凝土性能的影响，原材料的称量精度为：集料为 ±1%，水、水泥、掺合料和减水剂为 ±0.5%。粗集料和细集料在称量前应为干燥状态[50]。

高性能混凝土组分多并且水胶比较低，为保证混凝土拌和物的均匀性及质量，应使用强制式搅拌机搅拌，并且搅拌时间应比普通混凝土要有所延长。高性能混凝土搅拌时间不应少于 3min。投料顺序对高性能混凝土性能有很大影响。在满足强度的前提下，为达到节约水泥、提高工作性能和经济性的目的，出现了水泥净浆法、水泥砂浆法、水泥裹石法、水泥裹砂法等投料顺序[63]。文献[64]指出，粗集料表面包裹粉尘会降低混凝土抗压强度，并且能明显增加混凝土早期塑性裂缝数目和宽度。本试验采用投料方法，见图 2.3。采用该方法的优点是砂子和集料先搅拌后，摩擦作用能使集料表面的粉尘大量减少，集料表面更干净，从而能提高混凝土的界面强度，冲刷下来的粉尘颗粒很细，在混凝土中又充当着细集料的作用，提高了浆体的体积，从而能提高混凝土和易性。

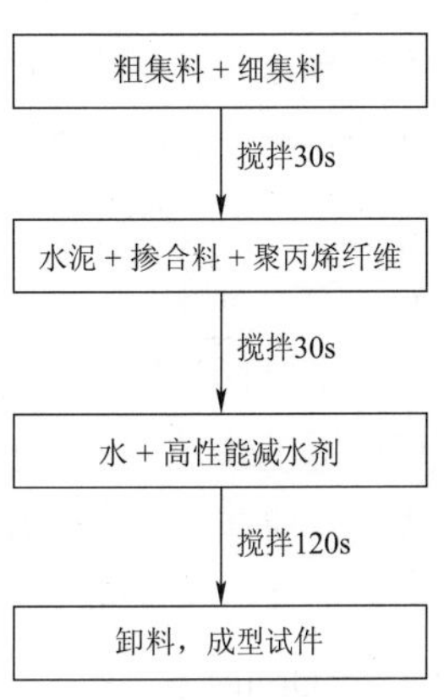

图 2.3　试件成型工艺

混凝土拌和好后，装入试验规定尺寸的试模内，放在振动台上振捣成型，振捣时应防止试模在振动台上自由跳动，振捣的时间为 60s。

高性能混凝土水胶比一般都比较低，并且加入大量的矿物掺合料，这些掺合料的加入使得混凝土对温度和湿度的变化更加敏感，导致混凝土的性能发生一些变化。高性能混凝土在成型后几个小时内就要进行保水养护，进行薄膜覆盖。如果早期养护不足，将会对混凝土的强度发展和耐久性产生不利的影响[49]。特别是对于添加硅粉的高性能混凝土，在成型后不及时养护，会导致试件失水过多，混凝土内部会出现粉化现象，导致混凝土的强度下降[65]。

本试验中试件成型后放到阴凉的地方，2h 后及时用薄膜覆盖在试件上，直到 24h 后，进行拆模。拆模后的试件放到温度为 20℃ ±3℃、湿度为 95% 的标准养护室中，到试验龄期时取出。

2.3　小结

(1)通过相关规范和标准对制备 C50 高性能混凝土所用的原材料进行材料性能检查，其检查结果符合相关规范和标准的要求，即所用的原材料适合配制高性能混凝土。

(2)本试验 HPC 的配合比设计采用全计算法，确定了基准配合比中各组成材料用量，然后在此基础上选取 4 种粉煤灰掺量：10%，15%，20%，25%；4 种硅粉掺量：3%，6%，9%，12%；4 种聚丙烯纤维掺量：0.5kg/m^3，0.7kg/m^3，0.9kg/m^3，1.1kg/m^3 来进行试验。

(3)根据高性能混凝土的性能，确定了高性能混凝土的成型工艺。试件成型后及时进行薄膜覆盖，拆模后送到标准养护室进行养护至试验龄期时取出。

第 3 章　HPC 工作性试验研究

普通混凝土拌和物的工作性包括流动性、黏聚性和保水性，通常用坍落度法和维勃稠度仪来评定混凝土的流动性，而黏聚性和保水性采用目测观察的方法来评价。这种评价方法既简单又便于现场操作，对于普通混凝土非常适用。HPC 由于采用了高性能减水剂和矿物掺合料，使得拌和物具有很大的流动性，坍落度值一般超过 20cm，拌和物的黏性也很大，变形需要的时间比普通混凝土要长。对于不同配比的混凝土，即使坍落度值相同，其坍落速度往往呈现较大的差别[66]。高性能混凝土的工作性，既包括普通混凝土的工作性指标，也包括填充性、可泵性和稳定性等[49]，所以，用单一坍落度值不能全面地反映 HPC 的工作性。优良的工作性是高性能混凝土获得优良力学性能和持续耐久性的前提，因此对工作性的研究显得至为重要。

高性能混凝土拌和物介于弹性、塑性和黏性之间，其流变特性与宾汉姆体近似[67]。需用屈服剪切应力和塑性黏度两个参数来表达其流变特性。而在实际工程中，高性能混凝土的工作性常用变形能力和变形速度两个指标来评价[68]。许多学者提出了一些评价高性能混凝土工作性的建议方法[69]，其中包括坍落度与坍落度流动度、V 形漏斗试验、U 形填充性试验、Orimet 试验[70]、J 环试验和 L 形流动仪试验[68,71]等。本试验采用坍落度与扩展度试验方法以及 L 形流动仪法，研究不同掺合料及掺量对高性能混凝土工作性的影响。

3.1　坍落度和扩展度试验

用坍落度方法评价高性能混凝土工作性时，一般除了测量下坍高度，还要测量下坍扩展度，即拌和物坍落度稳定时所铺展的直径。坍落度指标反映拌和物的流变性能，扩展度指标反映拌和物的稠度性能。从坍落度扩展的过程中还可以判断混凝土的抗离析能力。扩展度量化了混凝土在自重作用下克服屈服应力、黏度和摩擦后的流动状态，扩展度越接近圆形则表明拌和物均质，变形能力良好。

坍落度和扩展度试验是用标准坍落度圆锥筒测定，该筒为钢皮制成，高度 H 为 300mm，上口直径 d 为 100mm，下底直径 D 为 200mm。试验时，将坍落度筒置于平板上，然后将混凝土拌和物分 3 层装入筒内，每层用弹头棒均匀地捣 25 次。多余试样用镘刀刮平，然后垂直提起坍落度筒，将坍落度筒与混合料并排放于平板上，测量筒高与坍落后混凝土试体最高点之间的高差即为新拌混凝土的坍落度（图 3.1），用钢尺测量混凝土扩展后最终的最大直径和最小直径，在这两个直径之差小于 50mm 的条件下，其算术平均值作为扩展度值。

图 3.2 为用坍落度和扩展度评价混凝土的工作性能的量化指标[49]，对于坍落度为 20cm ±2cm 的混凝土，其扩展度为 45 ~ 55cm。对于高性能混凝土，由于矿物掺合料的掺入，其扩

展度可能会更大，坍落度与扩展度的比值将变小，但不会造成拌和物的离析。坍落度和扩展度试验结果见表 3.1。

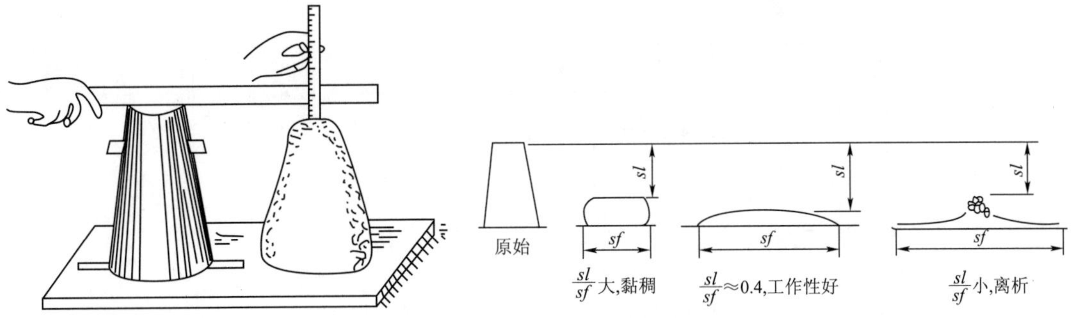

图 3.1　混凝土的坍落度试验

图 3.2　混凝土拌和物工作性能的简易评价方法

sl-坍落度(slump)；*sf*-坍落流动度(slump flow)

HPC 工作性能的试验结果　　表 3.1

试验编号	坍落度(cm)	扩展度(cm)	坍落度/扩展度	重度(kg/m^3)
S1	18	52	0.35	2408
S2	21	62	0.34	2420
S3	22.5	63	0.36	2433
S4	21.5	58	0.37	2441
S5	21	58	0.36	2452
S6	22	60	0.37	2420
S7	21.5	56	0.38	2441
S8	21	45	0.47	2451
S9	21	40	0.53	2459
S10	22.5	62	0.36	2424
S11	22	56	0.39	2436
S12	20.5	50	0.41	2435
S13	20	42	0.48	2468
S14	21.5	53	0.41	2408
S15	22	52	0.42	2401
S16	20.5	54	0.38	2396
S17	20.5	50	0.41	2387

3.1.1　粉煤灰对 HPC 工作性能的影响

由表 3.1 和图 3.3 可知，HPC 中加入粉煤灰，坍落度和扩展度都增大了，工作性能提高了。随着粉煤灰掺量的增加，HPC 的坍落度和扩展度先增大后减小。在 15% 粉煤灰掺量时，混凝土的坍落度和扩展度达到最大。坍落度与扩展度比值都小于 0.4，说明粉煤灰的掺入提高了混凝土的流动性能，并且重度随着粉煤灰掺量的增大呈增大趋势。

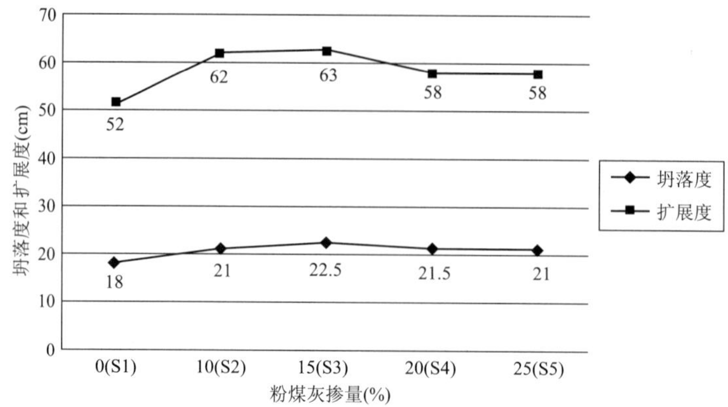

图 3.3　不同粉煤灰掺量对高性能混凝土工作性能的影响

I 级粉煤灰的需水量比在 90% 左右，粉煤灰的加入，相当于增加了混凝土的用水量，增大了混凝土的流变性能。粉煤灰密度和粒径都比水泥的要小，增加了混凝土中浆体的体积，大量的浆体填充集料的空隙，润滑了集料颗粒，减少了集料流动时的阻力，使混凝土具有更好的黏聚性和可塑性。并且粉煤灰主要是由海绵玻璃体和铝硅酸盐玻璃微珠组成，这些球形玻璃体表面光滑，在混凝土中能起到滚珠效应，也能大大提高混凝土的流动性[72]。粉煤灰颗粒均匀分布在水泥颗粒之中，防止了水泥颗粒的黏聚，使混凝土不离析泌水，提高了混凝土的黏聚性和可泵性。粉煤灰掺量较大时，坍落度和扩展度有减小的趋势。因为粉煤灰细度高于水泥，比表面积较大，掺量过多时，则粉煤灰颗粒大量增大，会使颗粒的滚珠效应降低，并且由于其自身比表面积的增加使需水量增加，使混凝土流动性降低，稠度增大[51]。

3.1.2　硅粉对 HPC 工作性能的影响

由表 3.1 和图 3.4 可知，在硅粉小掺量情况下，HPC 的坍落度和扩展度都比基准配合比 S1 的有所增大。随着硅粉掺量的变化，高性能混凝土的坍落度减小不明显，但扩展度先增大后减小。坍落度与扩展度的比值是随着硅粉掺量的增加而增大，9% 和 12% 硅粉掺量时新拌混凝土的坍落度与扩展度的比值分别达到 0.47 和 0.53，说明硅粉在一定掺量以后将降低混凝土的流动性能。硅粉 HPC 的重度随着硅粉掺量的增大而增大。

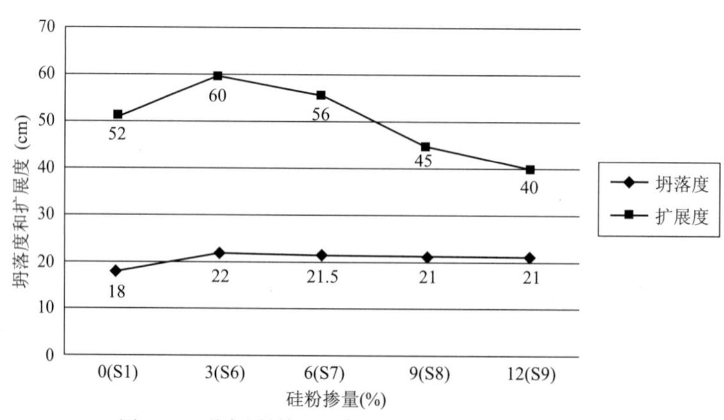

图 3.4　不同硅粉掺量对高性能混凝土工作性能的影响

硅粉的颗粒极小,比表面积很大,颗粒表面湿润需要大量水分,使得混凝土拌和物中的大量自由水被硅粉粒子所约束,混凝土很难有多余的水分溢出;有利于阻止混凝土泌水,提高混凝土的黏聚性和保水性[73]。在硅粉小掺量的情况下,硅粉的颗粒数目相对较少,颗粒的滚珠效应明显,能提高混凝土的坍落度和扩展度;但在硅粉掺量大于6%时,硅粉颗粒大量增加,不仅使需水量变大,而且降低了颗粒的滚珠效应,导致扩展度大大降低。从硅粉HPC的工作性试验结果可以看出,采用单一的坍落度值是不能全面地反映混凝土的工作性能指标的,坍落度和扩展度相结合可以很好地反映混凝土流变性能。研究认为,要保持硅粉混凝土流动性不变,需要增加用水量或高性能减水剂用量[74-76]。因此,为了保证硅粉HPC的强度和良好的工作性,在HPC中掺入硅粉的同时必须加大高性能减水剂的掺量。

3.1.3 双掺粉煤灰和硅粉对HPC工作性能的影响

为了研究同时掺加粉煤灰和硅粉对HPC工作性能的影响,以掺15%粉煤灰HPC(配合比S3)为基准,变化硅粉掺量,得到了硅粉不同掺量时粉煤灰HPC工作性能的变化情况。

由表3.1和图3.5可知,随着硅粉掺量的增加,粉煤灰HPC的坍落度减少的幅度很小,扩展度减小明显。和图3.4比较,在硅粉相同掺量时,双掺粉煤灰和硅粉的HPC的扩展度比单掺硅粉的要大一点。粉煤灰HPC的坍落度与扩展度的比值是随着硅粉掺量的增加而增大的,在12%硅粉掺量时达到0.48,硅粉掺入粉煤灰HPC后使混凝土流动性能有所降低。粉煤灰HPC的重度随着硅粉掺量的增大而增大。

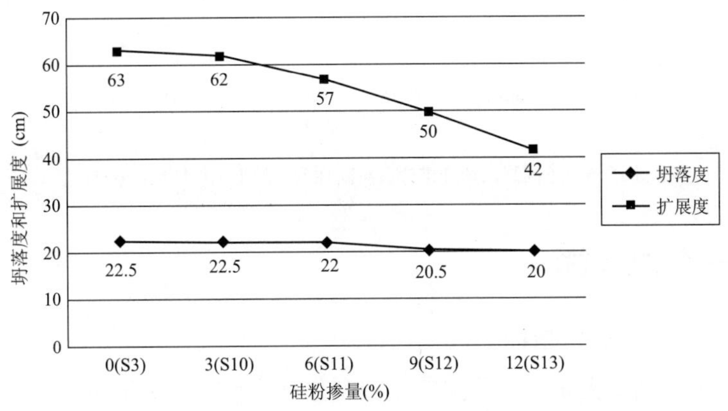

图3.5 不同硅粉掺量对粉煤灰高性能混凝土工作性能的影响

粉煤灰和硅粉的总掺量越大,则细小颗粒越多,需水量将增大,并且颗粒的滚珠效应将降低,导致流变性能降低,稠度增加。由上节可知,硅粉用量增加需要提高高性能减水剂用量,但这样会大大加速水泥早期的水化,同时也加大了混凝土出现早期裂缝的风险[77]。由图3.4和图3.5比较可知,双掺粉煤灰和硅粉后相对于单掺硅粉的HPC提高了流变性能。因为粉煤灰的需水量比在90%左右,比硅粉的低很多;另外,粉煤灰颗粒粒径要比硅粉颗粒的大一个数量级,优化了颗粒级配,提高了颗粒的滚珠效应。

3.1.4 聚丙烯纤维对 HPC 工作性能的影响

为了研究聚丙烯纤维对双掺粉煤灰和硅粉的 HPC 工作性能的影响，以掺 15% 粉煤灰和 6% 硅粉的 HPC（配合比 S11）为基准，变化纤维掺量，得到了纤维不同掺量时双掺粉煤灰和硅粉的 HPC 工作性能的变化情况。

混凝土中掺入聚丙烯纤维后，由于聚丙烯纤维表面吸附了一定的水分，相当于用水量减少了，从而导致混凝土的坍落度和扩展度有所降低，使混凝土拌和物黏聚性增大，但是有利于抑制混凝土拌和物的离析（大集料下沉）和泌水（层面出现析出水）的倾向，使混凝土整体工作性得到改善[78-81]。

由表 3.1 和图 3.6 可知，聚丙烯纤维的掺入对 HPC 的坍落度和扩展度影响效果不明显；随着纤维掺量的增加，坍落度和扩展度总体上有降低的趋势。但是聚丙烯纤维 HPC 的坍落度与扩展度的比值没有明显变化，都在 0.4 左右，表明工作性能良好。聚丙烯纤维 HPC 的重度随着纤维掺量的增大而减小，因为纤维的加入使混凝土的孔隙率增大。

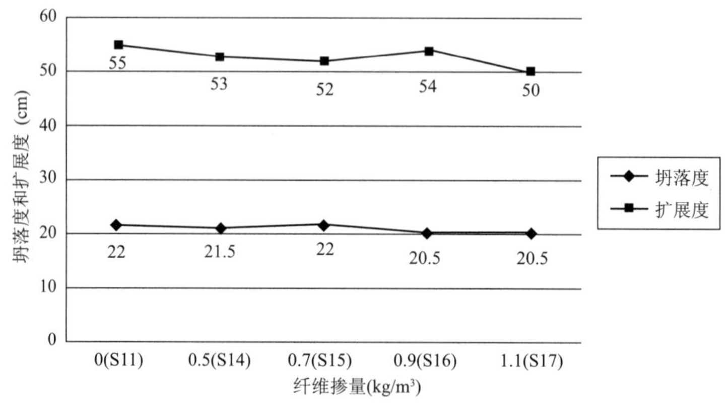

图 3.6 不同聚丙烯纤维掺量对高性能混凝土工作性能的影响

3.2 L 形流动仪试验

3.2.1 试验方法及测定指标

L 形流动仪采用清华大学和中国建筑材料科学研究院改进后的 L 形流动仪。如图 3.7 所示，L 形流动仪的左侧是一个长方柱箱形，横截面积为 20cm × 10cm，高度为 30cm，和坍落度筒高度一样；右侧为一扁平长方体箱形，中间用拉板隔开。试验时，在左侧的箱中分 2 层装满混凝土拌和物，捣实之后把隔板往上提，拌和物在自重的作用下，自动下沉并向水平方向流动。使用 L 形流动试验可同时测定以下指标[51]：

（1）下坍高度 L_s（L 形坍落度）：左侧箱中混凝土拌和物的下沉高度，能表示与坍落度试验同样的屈服值指标。

（2）水平扩展值 L_f：混凝土在水平方向的最大流动距离，反映拌和物的最终变形能力。

（3）水平流动时间 t：拌和物在水平槽里流到某一定距离时的时间，t_{10}、t_{20}、t_{30}、t_{50} 分别表示混凝土流动到 10cm、20cm、30cm、50cm 时所用的时间，反映了混凝土拌和物的变形速度。同时，通常根据混凝土水平流动通过 10cm 和 30cm 处的时间差（Δt_{30-10}）衡量其流动速度。

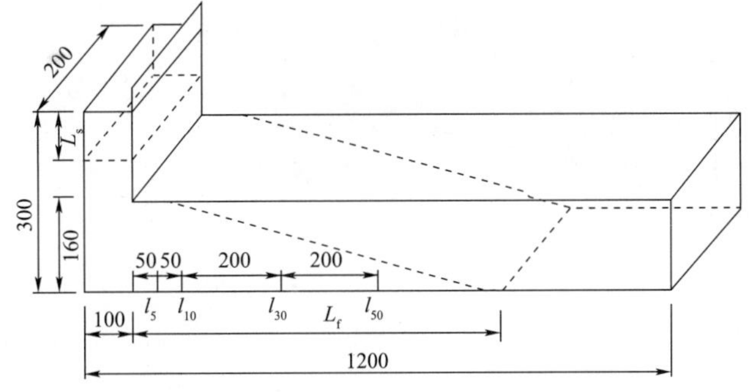

图 3.7　L 形流动仪（中国）（尺寸单位：cm）

（4）组成均匀性：L 形流动仪水平方向不同部位的拌和物粗集料的含量，反映混凝土拌和物流动后的成分均匀性。本试验采用下述方法：混凝土在 L 形流动仪中流动平稳后，在水平槽的最左端与最右端分别取 1L 混凝土拌和物，置于 5mm 筛上，洗去水泥浆，将剩余粗集料烘干称重，通过右端与左端粗集料差值就可判断混凝土组成均匀性。

对 17 组不同配合比混凝土拌和物分别进行测试，结果见表 3.2。

各组混凝土拌和物的 L 形流动仪试验结果　　表 3.2

试验编号	L 形流动仪							重度 (kg/m³)
	下坍高度 L_s (cm)	水平扩展值 L_f (cm)	t_{10} (s)	t_{20} (s)	t_{30} (s)	t_{50} (s)	集料含量差 (g)	
S1	19	61	0.99	2.65	7.4	16.3	-51	2408
S2	22	72	0.91	1.71	4.08	12.82	-76	2420
S3	23	78	1.39	4.32	8.32	19.63	-28	2433
S4	21.5	67	1.89	4.95	10.09	23.83	18	2441
S5	22	62	2.25	5.71	12.62	28.56	8	2452
S6	23	70	0.67	1.3	2.88	11.34	-66	2420
S7	21	63	0.49	1.44	3.1	18.3	26	2441
S8	19	53	0.58	1.93	5.17	21.64	-8	2451
S9	18	46	0.54	1.26	3.54	—	3	2459
S10	21	67	0.52	2.52	5.17	13.27	18	2424
S11	21	60	0.49	1.57	3.6	15.61	15	2436
S12	20	56	0.58	1.57	3.55	17.64	22	2435
S13	19	48	0.52	1.42	3.08	—	20	2468
S14	22	58	1.39	2.61	5.17	15.86	20	2408
S15	22	59	1.36	2.57	5.12	16.02	16	2401
S16	21.5	58	1.42	2.66	5.36	15.91	-10	2396
S17	21	56	1.49	2.88	5.59	16.08	-4	2387

3.2.2 粉煤灰 HPC 的 L 形流动仪指标评价

(1)下坍高度和水平扩展度值

粉煤灰 HPC 的下坍高度和水平扩展度值对比见图 3.8。

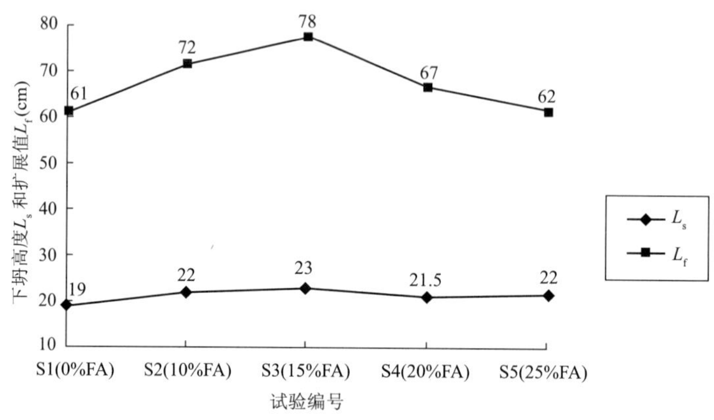

图 3.8 不同掺量粉煤灰 HPC 下坍高度与水平扩展度

图 3.8 显示不同掺量粉煤灰 HPC 的下坍高度与水平扩展度值的对比。结合图 3.3 可以看出,采用 L 形流动仪所测得的各组混凝土下坍高度(L_s)与坍落度仪法所测坍落度值大致相同,在 18~23cm;水平扩展度值(L_f)整体有所增大,但变化规律与坍落度仪法所测扩展度相同。表明这些拌和物的最终变形能力的评价中,L 形流动仪与坍落度仪指标的试验结果基本一致,即粉煤灰掺量较小(15% 以下)时,坍落度和扩展度随掺量增加逐渐增大,粉煤灰掺量较大(15% 以上)时,坍落度和扩展度会有所减小,原因在于粉煤灰掺量较多导致混凝土拌和物黏性过大,使得最终变形能力减弱。

(2)水平扩展流动时间

粉煤灰 HPC 流动到 10cm、20cm、30cm、50cm 距离的时间对比见图 3.9。

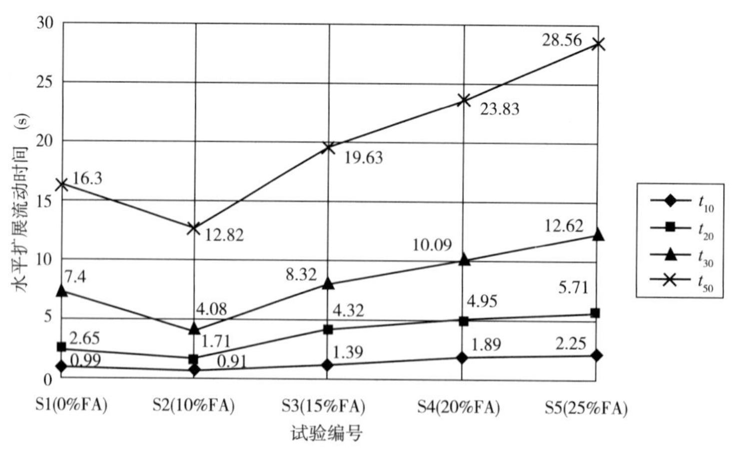

图 3.9 不同掺量粉煤灰 HPC 水平流动时间

不论是坍落度仪法测试的坍落度，还是 L 形流动仪测试的下坍高度，各组粉煤灰混凝土坍落度值虽都大于基准混凝土，但大体相同，仅仅从坍落度值不能十分明了地反映不同粉煤灰掺量的混凝土拌和物流动能力的差别。为此，L 形流动仪测定的混凝土拌和物水平扩展流动时间可从侧面反映其流动能力。由图 3.9 可知，粉煤灰掺量在 10% 左右时，在 10cm、20cm、30cm、50cm 混凝土拌和物的流动时间明显缩短，说明流动性增大；当掺量继续增大到 15% 时，各点流动时间较 10% 掺量时稍有延长；掺量继续增大到 20%、25%，到达各点的流动时间更长，表明流动性逐渐减弱。如果用 Δt_{30-10} 指标来衡量各组混凝土的流动速度，同样是掺量 10% 的最大。其原因如前所述，粉煤灰颗粒多数呈球形，掺入混凝土中可发挥其形态效应，在水泥颗粒之间起润滑作用，提高混凝土拌和物的流动性。在 10% ~15% 掺量范围以下，随着粉煤灰掺量增大，形态效应增强，混凝土拌和物的流动性增大。但由于粉煤灰细度高于水泥，比表面积较大，掺量过多时，由于其自身表面的增加而使需水量增加，会使颗粒效应有所降低[51]。这与实际拌和时感觉到的黏性增大相一致，不掺入粉煤灰或掺量较少时，拌和物的黏度并不很大，随着粉煤灰掺量增大，黏性也有所增大。

(3) 组分均匀性

由表 3.2 中试验结果可见，在混凝土拌和物流动稳定后，在水平槽不同部位所取拌和物经过筛、洗浆后，粗集料含量差值不大，最大 76g，表明几组掺有粉煤灰的混凝土各部位组分均匀，流动过程中抵抗离析性能较好。

3.2.3　硅粉 HPC 的 L 形流动仪指标评价

(1) 下坍高度和水平扩展度值

硅粉 HPC 的下坍高度和水平扩展度值见图 3.10。

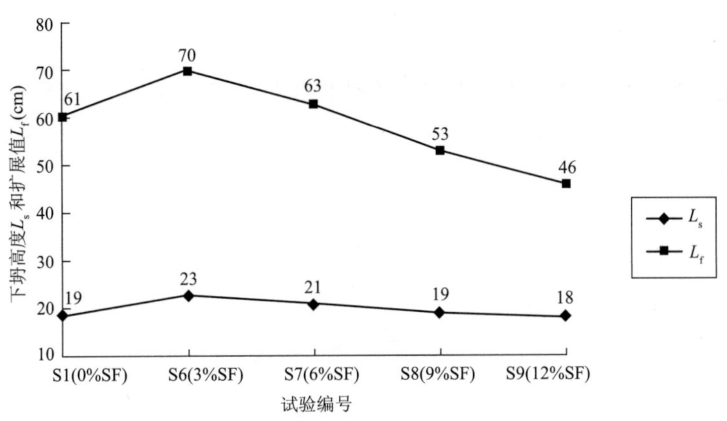

图 3.10　不同掺量硅粉 HPC 下坍高度与水平扩展度

从图 3.10 可以看出，衡量硅粉混凝土最终变形能力的下坍高度 L_s 和水平扩展度 L_f 规律大体相同，即硅粉在很小掺量(3%)时，混凝土的下坍高度和扩展度就有较大增长，但掺量继续增大，由于硅粉比表面积大造成需水量大，引起混凝土的扩展度急剧下降，下坍高度也逐渐减小。此两种指标与坍落度仪法所测结果基本相同。

(2)水平扩展流动时间

硅粉 HPC 流动到 10cm、20cm、30cm、50cm 距离的时间对比见图 3.11。

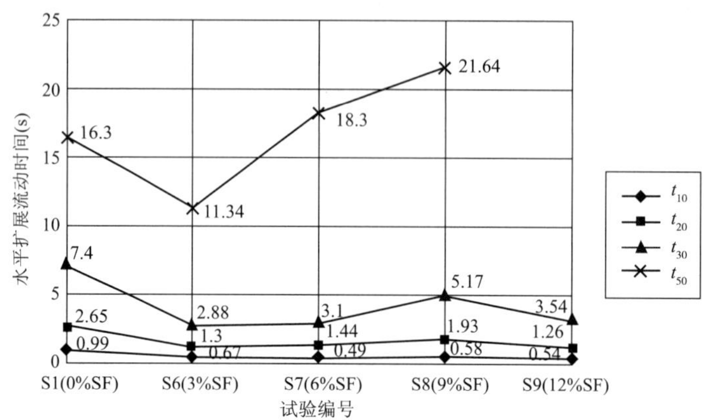

图 3.11　不同掺量硅粉 HPC 水平流动时间

由图 3.11 可知,掺入不同比例硅粉后,各组混凝土 t_{10}、t_{20}、t_{30} 数据都没有很大差别,表明较小的距离内各组混凝土的流动速度和流动能力几乎相当。但根据 t_{50} 单个数据,不同硅粉掺量的混凝土有较大差别,除 S6(3% SF)时间小于基准混凝土外,其余几组均大于基准混凝土,S9 更是由于过于黏稠,流动距离不足 50cm。综合考虑,掺有 3% 硅粉的混凝土流动性最佳,因此对于硅粉混凝土来说,掺入量不宜过大,找到其最佳掺量会对混凝土的工作性能有良好改善。

(3)组分均匀性

由表 3.2 中试验结果可见,混凝土流动稳定后,在水平槽不同部位所取拌和物经筛分、水洗后,粗集料含量差值最大为 66g,在误差允许范围内,表明不同掺量硅粉混凝土在流动过程中无离析现象发生,各部位组分均匀。

3.2.4　双掺粉煤灰、硅粉 HPC 的 L 形流动仪指标评价

(1)下坍高度和水平扩展度值

复掺粉煤灰、硅粉 HPC 的下坍高度和水平扩展度值见图 3.12。

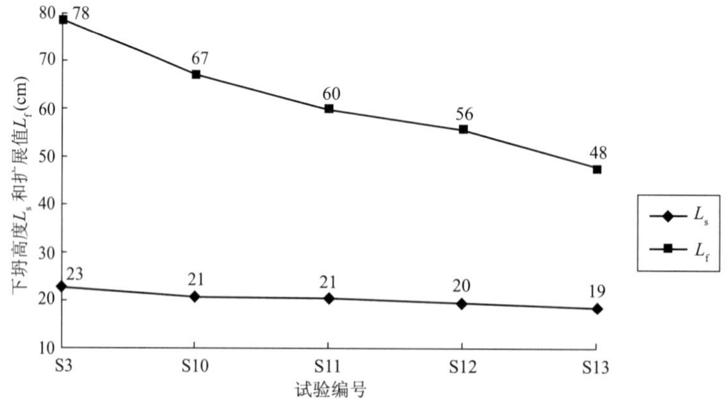

图 3.12　复掺粉煤灰、硅粉 HPC 下坍高度与水平扩展度

从图 3.12 可以看出，在 15% 粉煤灰的基础上，加入硅粉后使得混凝土下坍高度和扩展度都逐渐减小。原因在于硅粉掺量增大，总矿物含量增大，加之硅粉比表面积大，需水量增加，混凝土越来越黏，导致最终变形能力有所降低。

(2) 水平扩展流动时间

双掺粉煤灰、硅粉 HPC 流动到 10cm、20cm、30cm、50cm 距离的时间对比见图 3.13。

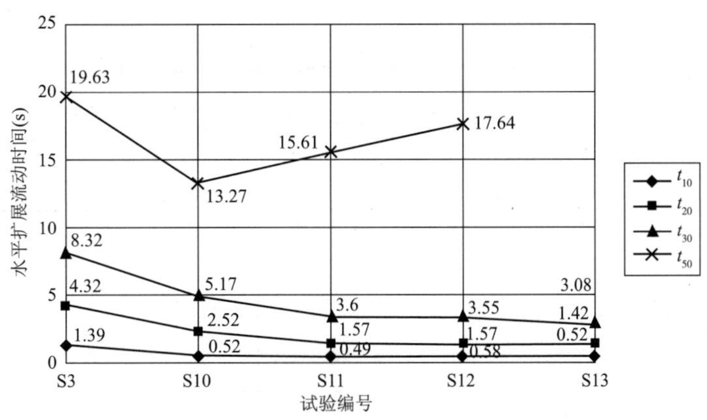

图 3.13　复掺粉煤灰、硅粉 HPC 水平流动时间

图 3.13 显示，在粉煤灰固定 15% 掺量的基础上，逐渐增大硅粉掺入比例后，各组混凝土 t_{10}、t_{20}、t_{30} 逐渐变小，依然表明较小的距离内各组混凝土的流动速度和流动能力几乎相当或略有增强。但 t_{50} 数据表征出的 S10 ~ S14 有较大差别，复掺 3% 硅粉后 t_{50} 明显缩短，但硅粉掺量继续增大，其 t_{50} 也逐渐增大，S13 依然由于过于黏稠，流动距离不足 50cm。因此，在采用多种矿物掺合料复掺时也要综合考虑各种工作性指标，选取其最佳掺量。

(3) 组分均匀性

由表 3.2 中试验结果可见，测定不同部位粗集料含量差值最大为 22g，表明在混凝土中复合掺入粉煤灰、硅粉，较单掺一种矿物能更好地改善胶凝体中的颗粒级配，使混凝土各部位集料组分均匀，流动过程中抵抗离析能力提高。

3.2.5　聚丙烯纤维 HPC 的 L 形流动仪指标评价

(1) 下坍高度和水平扩展度值

聚丙烯纤维 HPC 的下坍高度和水平扩展度值见图 3.14。

图 3.14 中显示，在 S11 的基础上加入 0.5kg/m^3、0.7kg/m^3、0.9kg/m^3、1.1kg/m^3 聚丙烯纤维后，对比发现，混凝土的下坍高度、水平扩展度无明显变化，表明聚丙烯纤维对混凝土的变形能力无显著影响。

(2) 水平扩展流动时间

聚丙烯纤维 HPC 流动到 10cm、20cm、30cm、50cm 距离的时间对比，见图 3.15。

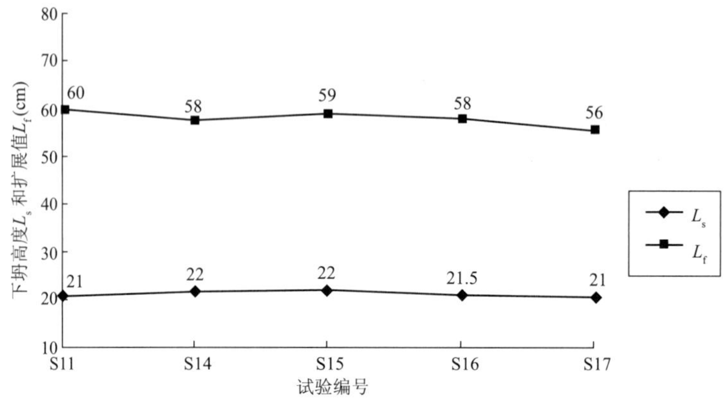

图 3.14　聚丙烯纤维 HPC 下坍高度与水平扩展度

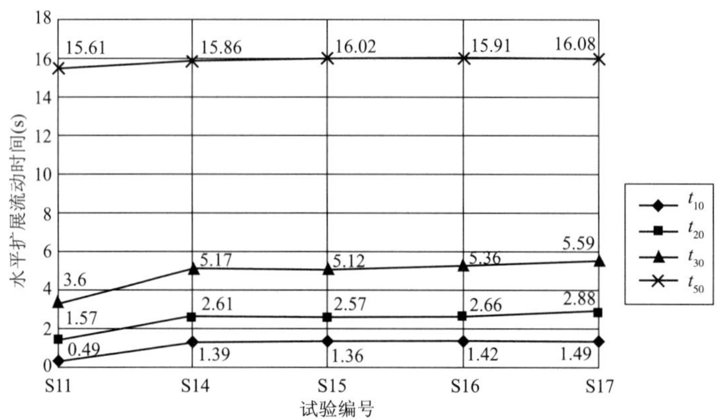

图 3.15　聚丙烯纤维 HPC 水平流动时间

根据图 3.15 显示数据，加入纤维后，t_{10}、t_{20}、t_{30}、t_{50}各组数据较为平缓。总体看来，随着纤维掺量的增大，混凝土流动到各距离点处的时间稍有延长。原因在于纤维加入后会在其表面聚集一定的水分，导致拌和用水减少，同时纤维阻碍了混凝土的流动，从而导致混凝土的流动时间稍有延长，纤维掺量越大，影响越明显。

(3)组分均匀性

由表 3.2 中试验结果可见，不同部位组分差最大为 22g，可以反映出纤维的加入，对拌和物组分均匀性有较大提高，对混凝土的保水性、黏聚性都有很好的改善，这也是纤维对混凝土工作性的最大改善。

3.3　小结

(1)从试验过程和结果中可以得出，坍落度和扩展度试验方法操作简单，具有很好的重复性，能较好地评价 HPC 的工作性能。

(2)在高性能混凝土中加入粉煤灰，能使混凝土具有更好的工作性能，使拌和物黏聚性和可塑性提高。

(3)在6%硅粉掺量内,硅粉的加入提高了高性能混凝土的工作性能。随着掺量进一步增大,硅粉高性能混凝土的流动性将降低,稠度增大,整体工作性能降低,需要提高高性能减水剂的用量。

(4)双掺粉煤灰和硅粉后,粉煤灰高性能混凝土的工作性能随着硅粉掺量的增加而呈降低趋势。

(5)聚丙烯纤维对高性能混凝土的工作性能影响不明显,但聚丙烯纤维的掺入,提高了混凝土黏聚性,能抑制拌和物的离析和泌水。

(6)通过改进后的L形流动仪,测定了混凝土的下坍高度、水平扩展度、流动时间、组分均匀性等指标,较为全面地反映出混凝土的各种工作性。L形流动仪能比较敏感地反映高性能混凝土拌和物由于配合比轻微变化所产生的工作性差别。

第4章　高性能混凝土基本力学性能试验研究

高性能混凝土的基本力学性能是混凝土的基础，基本力学性能包括立方体抗压强度、轴心抗压强度、立方体抗拉强度、抗弯拉强度及抗压弹性模量等。由于掺合料和高性能减水剂的使用，将对 HPC 力学性能产生影响，变化规律与普通混凝土有所不同。本章以粉煤灰、硅粉和聚丙烯纤维为掺合料，通过试验来研究不同掺合料以及不同掺量对 HPC 力学性能的影响。

4.1　立方体抗压强度试验

立方体抗压强度是混凝土最基本和最重要的力学指标，是决定混凝土强度等级的唯一依据，也是影响其他混凝土力学指标的最主要因素[82]。在国际上确定混凝土抗压强度的试件有圆柱体和立方体两种，我国规定以 150mm × 150mm × 150mm 立方体试件为抗压强度的标准试件。影响混凝土抗压强度的因素有很多，如混凝土的水灰比、试件的龄期、水泥种类、养护条件、矿物外加剂等[49]。本节只考虑掺合料对 HPC 抗压强度的影响。

4.1.1　立方体抗压强度试验方法

立方体抗压强度按照《公路工程水泥及水泥混凝土试验规程》(JTG E30—2005)进行抗压强度试验。HPC 立方体抗压强度计算公式如下：

$$f_{cu} = \frac{F}{A} \tag{4.1}$$

式中：f_{cu}——混凝土立方体试件抗压强度(MPa)；

F——试件破坏荷载(N)；

A——试件承压面积，这里为 $22500mm^2$。

试验加载速率为 0.5 ~ 0.8MPa/s，当试件接近破坏时，停止调整试验机油门，直至试件破坏。以 3 个试件测值的平均值作为该组试件的抗压强度，如果 3 个测值中的最大值或最小值中一个与中间值差超过中间值的 15% 时，则取中间值为测定值；如果最大值和最小值与中间值差均超过中间值的 15% 时，则该组试验结果无效[50]。试验结果见表 4.1。

HPC 各龄期的抗压强度　　表 4.1

试验编号	抗压强度(MPa)			
	3d	7d	28d	90d
S1	50.3	53.4	61.5	68.4
S2	48.1	54.3	62.6	78.6

续上表

试验编号	抗 压 强 度 (MPa)			
	3d	7d	28d	90d
S3	47.4	53.1	64.0	79.5
S4	45.6	52.5	63.2	78.3
S5	41.3	50.2	60.2	74.9
S6	44.9	53.8	62.6	69.7
S7	46.4	54.9	64.7	73.7
S8	48.3	57.6	66.6	79.3
S9	49.2	58.4	68.3	81.2
S10	39.2	53.4	64.7	75.2
S11	39.5	54.1	67.4	76.4
S12	39.6	55.7	72.4	80.2
S13	40.0	56.9	75.8	82.5
S14	40.1	47.9	66.9	72.5
S15	39.2	46.7	66.4	72.6
S16	39.8	45.4	67.0	71.7
S17	38.1	43.3	61.3	67.6

4.1.2　粉煤灰对 HPC 抗压强度的影响

由图 4.1 可以看出，在标准养护条件下，HPC 抗压强度随着养护时间的不断延长呈增长趋势。掺粉煤灰 HPC 的 3d 立方体抗压强度比不掺的基准配合比的抗压强度有所降低，并且随粉煤灰掺量的增加而降低明显。由表 4.2 可知，S5 的强度只有 S1 的 82.1%。这是由于掺加了粉煤灰，减少了水泥用量，水泥的水化速度变慢，使其前期强度比不掺的要小。在 7d 时，掺粉煤灰的 HPC 的抗压强度增长幅度比不掺的基准配合比大，如 S5 的强度增长了 8.9MPa，比 S1 的多了 5.8MPa；抗压强度的相对百分率比 3d 的都有所提高了。28d 时，掺粉煤灰的强度增长较多，弥补了前期的强度损失。随着掺量的增加，强度增加的幅度先增长后降低，S3 最多，达到 10.9MPa。可以看出在小掺量的情况下，28d 抗压强度与基准的相当。90d 掺粉煤灰的抗压强度有了大幅度的提高，强度的增长幅度为基准的 2 倍多，强度都超过基准的强度，S3 强度最高，达到 79.5MPa，说明掺粉煤灰的后期增长较多。

沈旦申[10]将粉煤灰在混凝土中的作用分为：火山灰反应效应、微集料效应和颗粒形态效应。在混凝土水化硬化初期，粉煤灰主要以微集料效应和颗粒形态效应参与胶凝材料的水化硬化过程[83]，所以 3d、7d 粉煤灰 HPC 强度较低，粉煤灰掺量越大，则强度越低。随着龄期的延长，粉煤灰的火山灰效应开始发生作用，粉煤灰中的大量活性成分与水泥水化产物 $Ca(OH)_2$ 发生火山灰反应，生成 C-S-H 凝胶，使水泥石和界面黏结强度都得到相应提高，所以掺粉煤灰 HPC 的后期强度较高。但是粉煤灰掺量较多时，水泥用量进一步减少，使得参与火山灰反应的水泥水化产物减少，导致水泥石强度降低，所以粉煤灰 HPC 立方体抗压强度随着粉煤灰掺量的增加呈先增大后减小的趋势。

粉煤灰不同掺量时 HPC 抗压强度的变化情况 表 4.2

序号	抗压强度增长幅度(MPa)			抗压强度相对百分率(%)			
	7d	28d	90d	3d	7d	28d	90d
S1	3.1	8.1	6.9	100	100	100	100
S2	6.2	8.3	16.0	95.6	101.7	101.8	114.9
S3	5.7	10.9	15.5	94.2	99.4	104.1	116.2
S4	6.9	10.7	15.1	90.7	98.3	102.8	114.5
S5	8.9	10.0	14.7	82.1	94.0	97.9	109.5

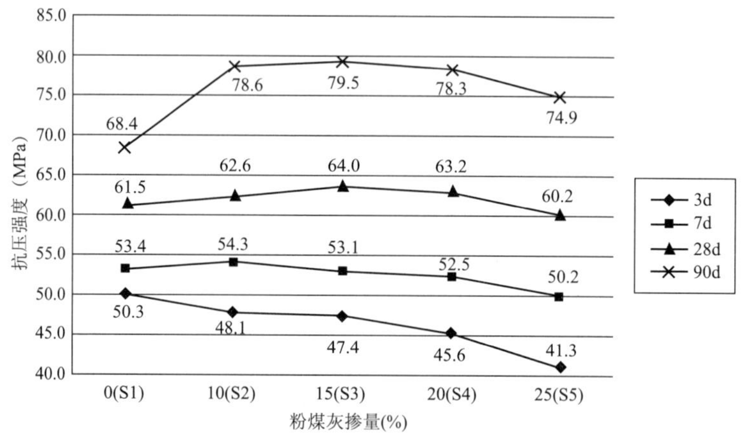

图 4.1 不同龄期 HPC 抗压强度随粉煤灰掺量的变化情况

4.1.3 硅粉对 HPC 抗压强度的影响

由表 4.3 和图 4.2 可知，3d 时掺硅粉 HPC 的抗压强度随硅粉掺量的增加而增大，但比基准混凝土 S1 的要低。这是因为水泥用量的减少和养护时间短导致水泥水化产物的减少；另外，由于硅粉颗粒极细，和水泥颗粒不能形成有效的颗粒级配，前期不能形成紧密的堆积，影响混凝土的强度[84]，但随着硅粉火山灰反应的进行，改变了浆体的孔结构，使大孔(大于 0.1μm)减少，小孔(小于 0.05μm)增加，孔径变细，还减少了浆体中 $Ca(OH)_2$ 的数量。因此，硅粉混凝土的强度发展主要在 3d 以后。7d 和 28d 时，掺硅粉 HPC 的抗压强度超过了基准配合比 S1 的抗压强度，而且随着硅粉掺量的增大而增加；抗压强度增长幅度比基准配合比 S1 的大。90d 时，掺硅粉 HPC 的抗压强度有了较大的提高，随硅粉掺量的增大，抗压强度增长幅度也增大，S9 增加了 12.9MPa。另外，随着硅粉掺量的增加，硅粉对 HPC 强度的作用效率先增大后减小，如 6% 硅粉掺量比 3% 硅粉掺量增加了 4.0MPa，9% 硅粉掺量比 6% 硅粉掺量增加了 5.6MPa，12% 硅粉掺量比 9% 硅粉掺量增加了 1.9MPa，当硅粉掺量超过 20% 时，其抗压强度增长反而不明显，当掺量超过30%时，混凝土的抗压强度甚至下降，因此，在高性能混凝土中，常用的掺量一般介于5%～15%[85]。

硅粉不同掺量时HPC抗压强度的变化情况　　表4.3

序号	抗压强度增长幅度(MPa)			抗压强度相对百分率(%)			
	7d	28d	90d	3d	7d	28d	90d
S1	3.1	8.1	6.9	100	100	100	100
S6	8.9	8.8	7.1	89.3	100.7	101.8	101.9
S7	8.5	9.8	9.0	92.2	102.8	105.2	107.7
S8	9.3	9.0	12.7	96.0	107.9	108.3	115.9
S9	9.2	9.9	12.9	97.8	109.4	111.1	118.7

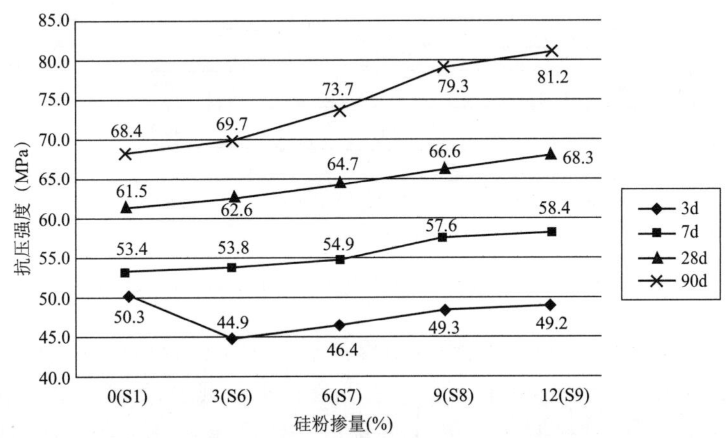

图4.2　不同龄期HPC抗压强度随硅粉掺量的变化情况

硅粉对混凝土的强度有三方面的作用[86]：火山灰效应、填充效应和界面效应。火山灰效应：硅粉中活性SiO_2与水泥水化产物$Ca(OH)_2$发生二次反应，形成水化硅酸钙凝胶，使水泥石和界面黏结强度得到提高。填充效应：二次反应生成物在毛细孔中沉淀并伸入更细小的缝中，使得水泥水化产物中较疏松的胶体更加密实，大孔明显减少，小孔增多，连通的孔减少。界面效应：硅粉在胶体与集料界面上反应生成C-H-S晶体，该晶体强度高，稳定性好，减少了大晶格的$Ca(OH)_2$晶体和钙钒石的数量，有利于提高集料的黏结强度。

4.1.4　双掺粉煤灰和硅粉对HPC抗压强度的影响

为了研究同时掺加粉煤灰和硅粉对HPC抗压强度的影响，以掺15%粉煤灰HPC(配合比S3)为基准，变化硅粉掺量，得到了硅粉不同掺量时粉煤灰HPC抗压强度的变化情况，见表4.4和图4.3。

硅粉不同掺量时粉煤灰 **HPC** 的抗压强度的变化情况　　表 4.4

序号	抗压强度增长幅度(MPa)			抗压强度相对百分率(%)			
	7d	28d	90d	3d	7d	28d	90d
S3	5.7	10.9	15.5	100	100	100	100
S10	14.2	11.3	10.5	82.7	100.6	101.1	94.6
S11	14.6	13.3	9.0	83.3	101.9	105.3	96.1
S12	16.1	16.7	7.8	83.5	104.9	113.1	100.9
S13	16.9	18.9	6.7	84.4	107.2	118.4	103.8

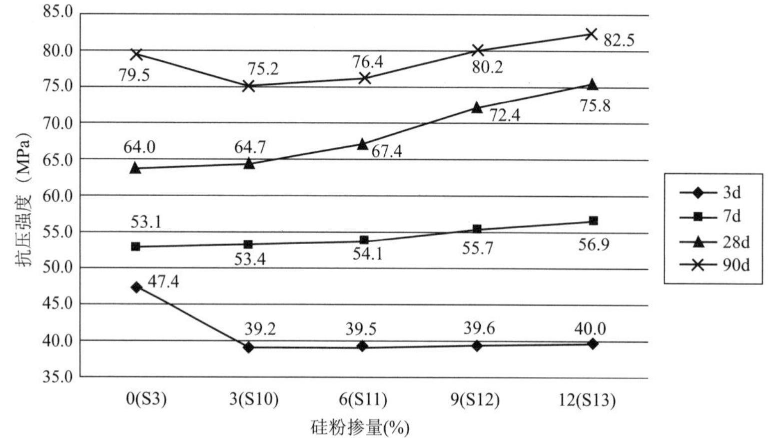

图 4.3　不同龄期粉煤灰 HPC 抗压强度随硅粉掺量的变化情况

由图 4.3 可知，3d 时粉煤灰 HPC 随硅粉掺量的变化抗压强度变化不明显，但都比不掺硅粉的配合比 S3 要小。因为内掺硅粉后，水泥用量进一步减少，导致水泥水化产物减少，造成硅粉和粉煤灰中的活性成分与水泥水化产物反应的减慢和减少，所以前期强度比较低。7d 时，粉煤灰 HPC 抗压强度随着硅粉掺量的增加而增大。由表 4.4 可知，掺硅粉的粉煤灰 HPC 抗压强度增长幅度比配合比 S3 要大。28d 时，掺硅粉的粉煤灰 HPC 抗压强度有大幅度的提高，随着硅粉掺量的增加，抗压强度增长幅度呈递增趋势。掺 9%、12% 硅粉的粉煤灰高性能混凝土 S12、S13 比不掺硅粉的配合比 S3 抗压强度提高了 10% 以上。90d 时，随着硅粉掺量的增加，HPC 抗压强度呈增大趋势。但在硅粉掺量较小时，粉煤灰 HPC 抗压强度比不掺硅粉配合比 S3 的抗压强度要小，在硅粉掺量较大时，粉煤灰 HPC 抗压强度比 S3 抗压强度大。混凝土抗压强度的增长幅度随着硅粉掺量的增加呈减小的趋势，说明了硅粉增强的效用在前期，粉煤灰的增强效用在后期。

由图 4.1、图 4.2、图 4.3 可知，双掺粉煤灰和硅粉后，7d 和 28d 混凝土抗压强度比相应单掺粉煤灰的 HPC 抗压强度要高；7d 时，双掺的混凝土抗压强度比相应单掺硅粉的混凝土抗压强度要低，但 28d 和 90d 时比相应单掺硅粉的混凝土抗压强度要高。双掺硅粉和粉煤灰的 HPC 在 7d、28d、90d 的抗压强度都比基准配合比 S1 要高。双掺硅粉和粉煤灰后，掺合料能和水泥形成良好的颗粒级配，使混凝土更密实，孔径进一步减小，随着掺合料与水泥水化产物二次反应的进行，提高了水泥石和集料胶结面的强度，能充分发挥粉煤灰和硅粉的作用，克服了单掺粉煤灰混凝土早期强度低和单掺硅粉混凝土早期收缩大的缺点，并能获得更好的和易性，最大限度地节约水泥用量，还能提高混凝土的抗磨蚀、抗锈蚀、抗裂等性能[87-88]。

4.1.5　聚丙烯纤维对 HPC 抗压强度的影响

为了研究聚丙烯纤维对双掺粉煤灰和硅粉的 HPC 抗压强度的影响，以掺 15% 粉煤灰和 6% 硅粉的 HPC（配合比 S11）为基准，变化纤维掺量，得到了纤维不同掺量时双掺粉煤灰和硅粉的 HPC 抗压强度的变化情况，见表 4.5 和图 4.4。

聚丙烯纤维不同掺量时 HPC 抗压强度的变化情况　　表 4.5

序号	抗压强度增长幅度（MPa）			抗压强度相对百分率（%）			
	7d	28d	90d	3d	7d	28d	90d
S11	14.6	13.3	9.0	100	100	100	100
S14	7.8	19.0	5.6	101.5	88.5	99.3	94.9
S15	7.5	19.7	6.2	99.2	86.3	98.5	95.0
S16	5.6	21.6	4.7	100.8	83.9	99.4	93.8
S17	5.2	18.0	6.3	96.5	80.0	90.9	88.5

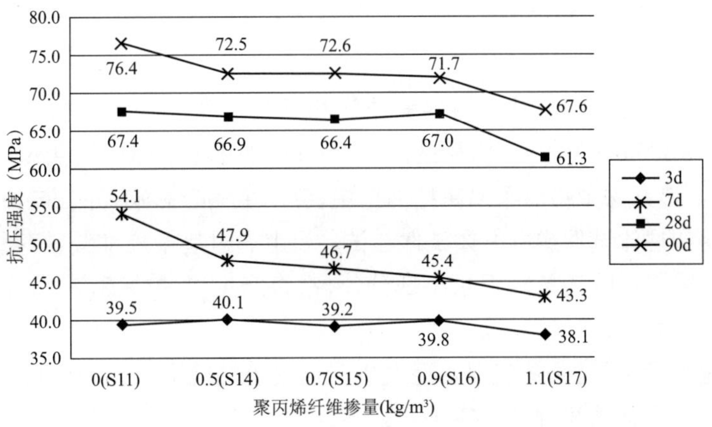

图 4.4　不同龄期 HPC 抗压强度随聚丙烯纤维掺量的变化情况

由图 4.4 可知，聚丙烯纤维对高性能混凝土 3d 强度影响不明显。由表 4.5 可知，7d 时掺聚丙烯纤维 HPC 的抗压强度增长幅度随掺量的增加呈减小趋势，抗压强度比 S11 的要低，在 0.5～0.9kg/m^3 聚丙烯纤维掺量时，抗压强度减少了 11.5%～16.1%，而在 1.1kg/m^3 掺量时抗压强度减少了 20.0%。28d 时掺聚丙烯纤维 HPC 抗压强度有了较大的提高；聚丙烯纤维掺量在 0.5～0.9kg/m^3 范围内，抗压强度变化不明显，但当聚丙烯纤维掺量为 1.1kg/m^3 时，抗压强度比 S11 减小了 9.1%，表明聚丙烯纤维在一定掺量范围内对混凝土抗压强度降低不明显，但在较大掺量时抗压强度有明显的降低。90d 时随聚丙烯纤维掺量变化 HPC 抗压强度增长幅度变化不明显,掺聚丙烯纤维混凝土后期抗压强度增长较小。可以看出,掺入聚丙烯纤维对 HPC 强度有降低作用,7d 降低最多,28d 强度降低很小,90d 时增长较少。说明掺聚丙烯纤维的强度主要在 7 ~ 28d 内得到发展。在聚丙烯掺量较大的情况下,对强度降低的作用比较明显。

聚丙烯纤维的弹性模量较低,约为混凝土的 10%。混凝土中掺入聚丙烯纤维后有一定的增稠作用和弱界面效应[35]。这些对混凝土强度都是不利的因素,但在聚丙烯纤维小掺量范围内,这些不利因素对混凝土抗压强度影响不明显,这和试验数据是相吻合的。加入聚丙烯纤维能有效限制早期混凝土的塑性收缩,阻止混凝土原生裂缝的发生和发展,减少原生裂缝的数量,聚丙烯纤维混凝土能提高混凝土的抗冲击、抗疲劳能力[36,89-90]。

4.2 劈裂抗拉强度试验

混凝土的抗拉强度比抗压强度要小得多,这是因为在拉伸荷载作用下裂缝更容易扩展。一般的结构物设计中都不考虑混凝土的抗拉强度。但是混凝土抗拉强度仍是一项重要的力学性能指标,一般情况下,混凝土结构物的开裂都是在荷载作用下产生拉应力或环境变化所致。混凝土拉伸破坏时,其前缘是由许多分枝裂缝组成,当荷载继续增大时,形成一个宏观裂缝。混凝土的抗拉强度主要取决于砂浆、集料和界面过渡区的抗拉强度[91]。通过掺入不同的掺合料,改变了砂浆和界面过渡区的性能,本试验将研究这些掺合料对混凝土抗拉强度的影响。

4.2.1 抗拉强度试验方法

混凝土抗拉强度的试验方法有直接受拉法和劈裂法[92]。直接受拉法的混凝土试件为 100mm × 100mm × 500mm 的棱柱体,两端深埋 150mm 的钢筋。试验时用试验机夹紧两端钢筋,使试件受拉。该方法试验时不易将拉力对中,会产生偏心影响,并且试件尺寸大,浪费材料。劈拉法是将圆柱体试件或立方体试件在试验机上通过垫条施加线性荷载,将试件劈开。在试件中间垂直截面上除垫条附近极小部分外,都将产生均匀的拉应力。该试验方法试件制作简单并且操作方便,节省材料。

立方体抗拉强度按照《公路工程水泥及水泥混凝土试验规程》(JTG E30—2005)进行劈拉法试验。HPC 立方体抗拉强度计算公式如下:

$$f_{ts} = \frac{2F}{\pi A} = 0.637\frac{F}{A} \tag{4.2}$$

式中:f_{ts}——混凝土立方体劈裂抗拉强度(MPa);

F——试件破坏荷载(N);

A——试件承压面积,这里为 22500mm^2。

试验时,在劈裂钢垫条和试块之间,应加一层三合板垫层,木垫条宽为 20mm,长度不小于试件的长度,木垫条不能重复使用。木垫条的作用是减小试件与钢垫条接触处的应力集中,使试验误差减小,减少试验数据的离散性[92]。由文献[93-94]知,垫条的种类和宽度对混凝土的劈裂抗拉强度影响较大,所以试验数据的比较要在相同试验条件下进行。

试验加载速率为0.05～0.08MPa/s，当试件接近破坏时，停止调整试验机油门，直至试件破坏。以3个试件测值的平均值作为该组试件的抗拉强度，如果3个测值中的最大值或最小值中一个与中间值差超过中间值的15%时，则取中间值为测定值；如果最大值和最小值与中间值差均超过中间值的15%时，则该组试验结果无效[50]。试验结果见表4.6，试验装置见图4.5。

HPC各龄期的劈拉强度　　表4.6

试验编号	3d劈拉强度(MPa)	7d劈拉强度(MPa)	28d劈拉强度(MPa)	90d劈拉强度(MPa)
S1	3.67	4.37	5.28	5.82
S2	3.65	4.53	5.46	6.48
S3	3.73	4.64	5.62	6.59
S4	3.75	4.71	5.71	6.63
S5	3.52	4.54	5.57	6.43
S6	3.79	4.43	5.52	5.91
S7	3.95	4.61	5.76	6.03
S8	4.12	4.87	6.08	6.31
S9	4.31	5.12	6.35	6.42
S10	3.59	4.26	5.62	6.06
S11	3.7	4.39	5.79	6.12
S12	3.87	4.6	6.1	6.35
S13	4.02	4.81	6.36	6.46
S14	3.35	4.44	5.8	5.9
S15	3.37	4.46	5.87	5.97
S16	3.43	4.47	5.96	6.04
S17	3.29	4.28	5.62	5.71

4.2.2　粉煤灰对HPC劈裂抗拉强度的影响

由图4.6和表4.7可知，随着龄期的延长，粉煤灰HPC的劈裂抗拉强度呈增长的趋势。3d时，粉煤灰HPC的劈裂抗拉强度随着粉煤灰掺量的增加，先增大后减小，在20%掺量时达到最大，为3.75MPa，相对百分率为102.2%。在20%掺量以内，粉煤灰HPC的劈裂抗拉强度比基准配合比S1的高；在25%粉煤灰掺量时，有所下降，但从表4.8中可知，粉煤灰HPC的拉压比却随着粉煤灰掺量的增加而增大，说明粉煤灰对劈裂抗拉强度作用效果更大。

图4.5　劈裂抗拉强度试验

7d 和 28d 时，粉煤灰 HPC 的劈裂抗拉强度比基准配合比 S1 的要大，随着粉煤灰掺量的增加，劈裂抗拉强度是先增大后减小，而劈裂抗拉强度增长幅度和拉压比都呈增大趋势。90d 时，粉煤灰高性能混凝土的劈裂抗拉强度增长幅度随着粉煤灰掺量的增加呈减小的趋势，但是劈裂抗拉强度增长幅度是基准配合比 S1 的 2 倍左右。拉压比随着粉煤灰掺量的增大而增大。由表 4.8 可知，混凝土的拉压比随着龄期的延长，是先增大后减小的，28d 龄期时最大，说明粉煤灰对高性能混凝土后期抗压强度的贡献要大于劈裂抗拉强度。普通混凝土的拉压比是随着龄期的增加而减小的[91]。从上述分析可以看出，粉煤灰的加入，能降低混凝土的脆性。

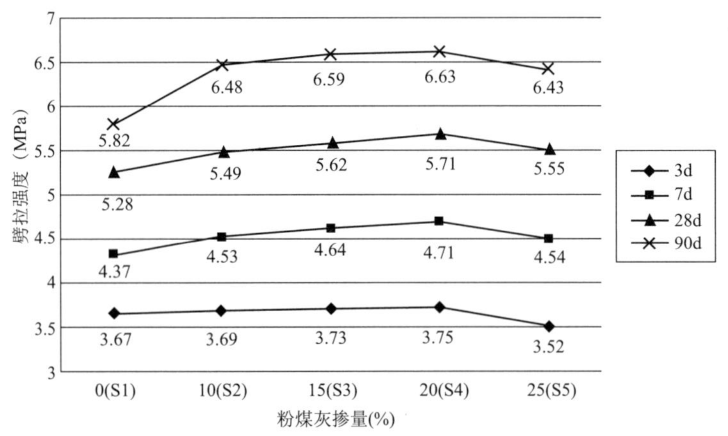

图 4.6　不同龄期 HPC 劈拉强度随粉煤灰掺量的变化情况

粉煤灰不同掺量时 HPC 劈拉强度的变化情况　　表 4.7

序号	劈拉强度增长幅度(MPa)			劈拉强度相对百分率(%)			
	7d	28d	90d	3d	7d	28d	90d
S1	0.70	0.91	0.54	100	100	100	100
S2	0.84	0.96	0.99	100.5	103.7	104.0	111.3
S3	0.91	0.98	0.97	101.6	106.2	106.4	113.2
S4	0.96	1.00	0.92	102.2	107.8	108.1	113.9
S5	1.02	1.01	0.88	95.9	103.9	105.1	110.5

粉煤灰的加入使 HPC 比原来更均匀和密实了，改善了界面过渡区的性能[95]。HPC 中加入粉煤灰能有效地阻止水囊在粗集料底部的形成，减小粗集料表面水膜层的厚度，在粗集料与水泥浆界面过渡区形成无害微孔。同时，由于粉煤灰中的活性成分与水泥水化产物 $Ca(OH)_2$ 发生反应，可以提高水泥石的强度，还可以降低 $Ca(OH)_2$ 在粗集料界面上的富集和择优取向。粉煤灰的这些作用改善了界面过渡区的性能，提高了界面黏结强度，从而提高了 HPC 的劈裂抗拉性能。粉煤灰掺量过多时，使得水泥用量进一步减少，将使水泥石的强度降低，所以在粉煤灰掺量大于 20% 时，混凝土的劈裂抗拉强度呈减小趋势。

不同龄期 HPC 拉压比随粉煤灰掺量的变化情况 表 4.8

试验编号	3d 拉压比	7d 拉压比	28d 拉压比	90d 拉压比
S1	0.072962	0.081835	0.085854	0.085088
S2	0.076715	0.083425	0.087700	0.082443
S3	0.078692	0.087382	0.087813	0.082893
S4	0.082237	0.089714	0.090348	0.084674
S5	0.085230	0.090438	0.092193	0.085848

4.2.3 硅粉对 HPC 劈裂抗拉强度的影响

由表 4.9、表 4.10 和图 4.7 可知，随着龄期的延长，硅粉 HPC 的劈裂抗拉强度呈增长的趋势。3d 时，硅粉 HPC 的劈裂抗拉强度比基准配合比 S1 的要大，并且和拉压比一样，都随着硅粉掺量的增加而增加，在硅粉掺量为 12% 时达到最大，为 4.31MPa，相对百分率为 117.4%。7d 和 28d 时，硅粉 HPC 的抗拉强度和拉压比都随着硅粉掺量的增加而增大，并且劈裂抗拉强度增长幅度也呈增大趋势。90d 时，硅粉高性能混凝土的劈裂抗拉强度随着硅粉掺量的增加而增大；但劈裂抗拉强度增长幅度和拉压比却呈减小趋势。说明后期硅粉 HPC 的脆性增大。

硅粉不同掺量时 HPC 劈拉强度的变化情况 表 4.9

序号	劈拉强度增长幅度(MPa)			劈拉强度相对百分率(%)			
	7d	28d	90d	3d	7d	28d	90d
S1	0.7	0.91	0.54	100	100	100	100
S6	0.64	1.09	0.39	103.3	101.4	104.5	101.5
S7	0.66	1.15	0.27	107.6	105.5	109.1	103.6
S8	0.75	1.21	0.23	112.3	111.4	115.2	108.4
S9	0.81	1.23	0.07	117.4	117.2	120.3	110.3

研究表明，硅粉的掺入使水泥石中的大孔减小，超微细孔增加很多，气孔间距系数减小，提高了水泥石的强度[74]；硅粉的界面效应很明显，提高了混凝土的界面强度。硅粉对混凝土前期劈裂抗拉强度增强效果较为明显，而对后期抗压强度增强效果较好。

不同龄期 HPC 拉压比随硅粉掺量的变化情况 表 4.10

试验编号	3d 拉压比	7d 拉压比	28d 拉压比	90d 拉压比
S1	0.072962	0.081835	0.085854	0.085088
S6	0.084410	0.082342	0.088179	0.084792
S7	0.085129	0.083971	0.089026	0.081818
S8	0.085300	0.084549	0.091291	0.079571
S9	0.087602	0.087671	0.092972	0.079064

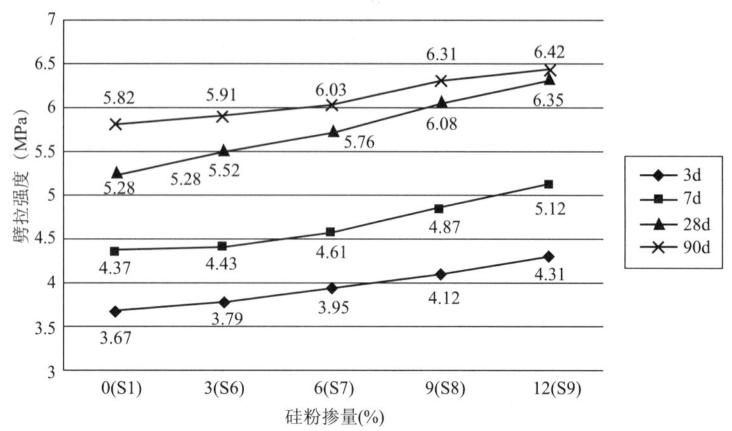

图 4.7　不同龄期 HPC 劈拉强度随硅粉掺量的变化情况

4.2.4　双掺粉煤灰和硅粉对 HPC 劈裂抗拉强度的影响

为了研究同时掺加粉煤灰和硅粉对 HPC 劈裂抗拉强度的影响，以掺 15% 粉煤灰 HPC（配合比 S3）为基准，变化硅粉掺量，得到了硅粉不同掺量时粉煤灰 HPC 抗拉强度的变化情况，见表 4.11、表 4.12 和图 4.8。

硅粉不同掺量时粉煤灰 HPC 劈拉强度的变化情况　　表 4.11

序号	劈拉强度增长幅度（MPa）			劈拉强度相对百分率（%）			
	7d	28d	90d	3d	7d	28d	90d
S3	0.91	0.98	0.97	100	100	100	100
S10	0.68	1.38	0.39	96.8	92.5	100.9	92.0
S11	0.71	1.41	0.30	99.2	95.0	103.6	92.9
S12	0.73	1.50	0.25	103.8	99.1	108.5	96.4
S13	0.79	1.55	0.10	107.8	103.7	113.2	98.0

不同龄期粉煤灰 HPC 拉压比随硅粉掺量的变化情况　　表 4.12

试验编号	3d 拉压比	7d 拉压比	28d 拉压比	90d 拉压比
S3	0.078692	0.087382	0.087813	0.082893
S10	0.092092	0.080337	0.087635	0.080585
S11	0.093671	0.081516	0.086350	0.080105
S12	0.097727	0.082585	0.084254	0.079177
S13	0.100500	0.084534	0.083905	0.078303

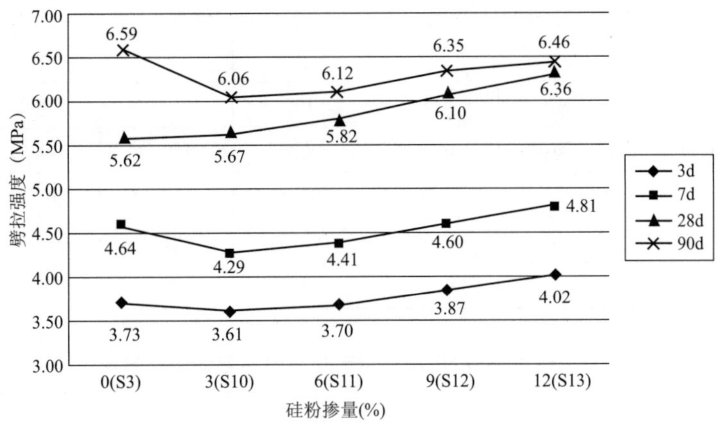

图4.8　不同龄期粉煤灰HPC劈拉强度随硅粉掺量的变化情况

由图4.8可知，随着龄期的延长，双掺粉煤灰和硅粉的高性能混凝土的劈裂抗拉强度呈增长的趋势。3d和7d时，双掺高性能混凝土的劈裂抗拉强度和拉压比都随着硅粉掺量的增加而增大，并且7d时劈裂抗拉强度增长幅度也呈增长趋势。28d时，双掺高性能混凝土的劈裂抗拉强度和相对增长幅度都随着硅粉掺量的增加而增大，但是拉压比却呈减小趋势，劈裂抗拉强度有了大幅度的增长。90d时，双掺高性能混凝土的劈裂抗拉强度随着硅粉掺量的增加而增大，但劈裂抗拉强度增长幅度和拉压比却呈减小趋势，后期双掺高性能混凝土劈裂抗拉强度增加较小。

由于硅粉加入粉煤灰HPC后，使得水泥用量进一步减少，在掺量小的范围内，硅粉对强度的增强作用效果比所取代水泥的作用效果小；在硅粉大掺量范围时，硅粉对强度的增强作用效果比所取代水泥的作用效果大。因此，图4.8中强度趋势为先下降后上升。

与单掺硅粉HPC相比，双掺粉煤灰和硅粉降低了前期的劈裂抗拉强度，提高了后期的劈裂抗拉强度。前期，由于粉煤灰的加入，减少了水泥用量，相对水泥水化产物减少，降低了粉煤灰和硅粉中活性成分的反应速度，从而降低了混凝土前期的劈裂抗拉强度；但是由于粉煤灰和硅粉能形成有效的粒径级配，使混凝土更密实，随着反应的进行，提高了混凝土后期的劈裂抗拉强度。双掺大幅度地提高了混凝土的抗压强度和劈裂抗拉强度，但从拉压比可以看出，双掺对抗压强度贡献更大。

4.2.5　聚丙烯纤维对HPC劈裂抗拉强度的影响

为了研究聚丙烯纤维对双掺粉煤灰和硅粉的高性能混凝土劈裂抗拉强度的影响，以掺15%粉煤灰和6%硅粉的HPC(配合比S11)为基准，变化聚丙烯纤维掺量，得到了聚丙烯纤维不同掺量时双掺粉煤灰和硅粉的HPC劈裂抗拉强度的变化情况，见表4.13、表4.14和图4.9。

聚丙烯纤维不同掺量时 HPC 劈拉强度的变化情况　　表 4.13

序号	劈拉强度增长幅度(MPa)			劈拉强度相对百分率(%)			
	7d	28d	90d	3d	7d	28d	90d
S11	0.71	1.41	0.30	100	100	100	100
S14	1.11	1.40	0.08	90.0	100.7	100.3	96.7
S15	1.09	1.43	0.09	91.1	101.1	101.2	97.7
S16	1.04	1.50	0.08	92.7	101.4	102.6	98.9
S17	0.99	1.34	0.10	88.9	97.1	96.6	93.5

不同龄期 HPC 拉压比随聚丙烯纤维掺量的变化情况　　表 4.14

试验编号	3d 拉压比	7d 拉压比	28d 拉压比	90d 拉压比
S11	0.093671	0.081516	0.086350	0.080105
S14	0.083042	0.092693	0.087294	0.081655
S15	0.085969	0.095503	0.088705	0.082369
S16	0.086181	0.098458	0.089104	0.084379
S17	0.086352	0.098845	0.091680	0.084615

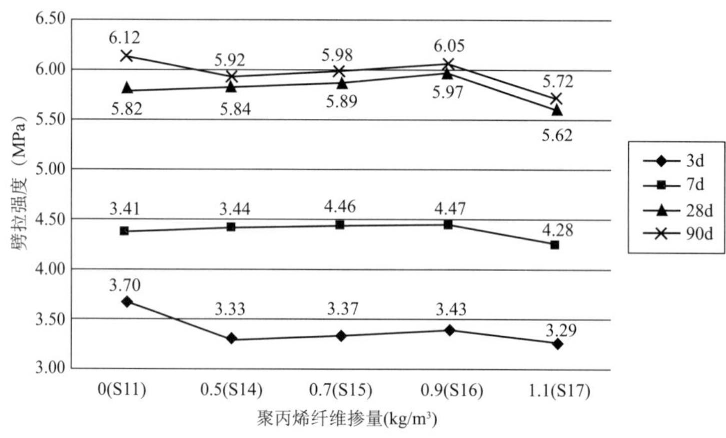

图 4.9　不同龄期 HPC 劈拉强度随聚丙烯纤维掺量的变化情况

由图 4.9 可知，随着龄期的延长，掺入聚丙烯纤维的高性能混凝土的劈裂抗拉强度呈增长的趋势。在每个龄期时，纤维 HPC 的劈裂抗拉强度随着聚丙烯纤维掺量的增大呈现出先增加后减小的趋势，但拉压比却呈增大趋势。在 0.9kg/m^3 聚丙烯纤维掺量时，劈裂抗拉强度达到最大值。随纤维掺量的增大，7d 时纤维高性能混凝土的劈裂抗拉强度增长幅度逐渐减少，但 28d 时纤维高性能混凝土的劈裂抗拉强度增长幅度呈增长趋势，90d 时增长幅度很小，这说明掺聚丙烯纤维高性能混凝土的劈裂抗拉强度是在 3～28d 得到发展的。从拉压比可以看出，聚丙烯纤维对提高混凝土的劈裂抗拉强度作用贡献大，减小了混凝土的脆性。

聚丙烯纤维掺入后能降低混凝土的初始缺陷，尤其是降低了裂纹的数量和尺寸。在混凝土硬化过程中，由于聚丙烯纤维具有明显的阻裂效应，减少了微裂纹产生和发展的概率，使混凝土具有较好完整性，从而提高了混凝土的劈裂抗拉强度[81]。

4.3　轴心抗压强度及弹性模量试验

弹性模量是混凝土的重要力学性能之一，它反映了混凝土所受应力与所产生应变之间的关系。在计算超静定结构内力、温度应力、混凝土结构变形以及结构在使用阶段的截面应力时，弹性模量是所必需的参数之一[92]。对于弹性材料，其应力与应变为线性关系；而对于混凝土这种非均质多相材料，其应力与应变关系为曲线。影响混凝土的弹性模量因素有很多，如水灰比、砂率、原材料性能、强度等级、养护条件、龄期等。高性能混凝土中一般都添加了各种矿物掺合料和高性能减水剂，这些成分改变了混凝土的内部结构，对弹性模量会产生一定的影响。影响高性能混凝土强度的因素也影响弹性模量[49]。本试验主要考虑不同掺合料对 HPC 棱柱体强度和抗压弹性模量的影响。

4.3.1　弹性模量试验方法

每组成型 6 个试件，标准养护 28d。到试验龄期时，3 个进行混凝土棱柱体轴心抗压强度试验，3 个进行混凝土抗压弹性模量试验。由于弹性模量试验对试件端面的平整度要求很高，本试验在试件成型时采用刚度足够的塑料试模，减少使用钢模造成的试件尺寸不标准和端面不平整。用塑料试模成型的试件满足承压面的平面公差度不大于 0.0005d（d 为边长），各边长尺寸公差不大于 1mm。

混凝土试件不分层离析，则该试件的几何中心就是它受力的物理中心。受压时棱柱体两侧的变形应该一致。规范中规定，当棱柱体两侧变形值之差与它们的平均值之比大于 20% 时，应重新对中试件后重复试验。如果无法使其减少到低于 20%，则此次试验无效。有时因为混凝土的分层离析，很难控制变形之差在平均值的 20% 以内，操作起来复杂。铁道科学研究院用不同截面和不同高度的试件作过两批物理对中与几何对中的弹性模量对比试验，两批试件的两侧变形平均值之比分别为 0.993 和 0.998。这说明采用几何对中或物理对中对试件两侧变形平均值影响很小。太原工学院测得几何对中弹性模量平均值比物理对中的小 0.94%，说明采用几何对中能满足抗压弹性模量试验精度要求[96]。

本试验采用几何对中和物理对中相结合的方法进行弹性模量试验。试件先以几何对中试验机的上下压板，记录棱柱体压力每增长 50kN 时两侧千分表的读数，一个循环结束后，分别计算出棱柱体两侧每 50kN 荷载作用下的变形值，若两侧变形值在某一级荷载以后基本一致或比值关系一定后，则从这一级荷载来计算弹性模量；若两侧的变形值不满足上述情况，则需对试块进行调整，使其物理对中试验机上下压板[97-98]。试验装置见图 4.10。

图 4.10　弹性模量试验

4.3.2 弹性模量计算示例

在测量弹性模量之前需要先求出混凝土的轴心抗压强度，以确定测量弹性模量时预压荷载的大小，混凝土轴心抗压强度按下式计算：

$$f_c = \frac{P}{A} \tag{4.3}$$

式中：f_c——混凝土轴心抗压强度(MPa)；

P——试件破坏荷载(N)；

A——试件承压面积(mm^2)。

在弹性模量试验时，每隔50kN记下混凝土两侧千分表的读数，然后整理出每个50kN时混凝土两侧的变形量见表4.15，从表中可以看出，从200kN开始，混凝土两侧的变形基本一致了，则计算混凝土弹性模量的起始荷载为200kN。

弹性模量试验数据记录 表4.15

荷载(kN)	50～100	100～150	150～200	200～250	250～300	300～350	350～400
1号千分表(μm)	5	5	6	7	7	8	7
2号千分表(μm)	9	10	10	7	7	7	7

弹性模量的计算按照下式计算：

$$E_c = \frac{P_2 - P_1}{A} \times \frac{L}{\Delta L} \tag{4.4}$$

式中：E_c——混凝土静压弹性模量(MPa)；

P_2——棱柱体抗压强度40%极限破坏荷载(N)；

P_1——计算弹性模量的初始荷载(N)；

ΔL——从初始荷载到40%极限破坏荷载时试件两侧变形的平均值(mm)；

L——测量试件变形的标距，这里为150mm；

A——试件承压面积，这里为22500mm^2。

由表4.15中数据，计算出混凝土弹性模量为46.8GPa。弹性模量值以3个试件测值的平均值作为试验结果，如果其中一个试件在测定弹性模量后的抗压强度值与棱柱体抗压强度值之差超过后者的20%，则该测值省去，取剩下两个试件的测试的平均值为试验结果；如果一组中测值少于两个，则该组需重做。

4.3.3 掺合料对HPC轴心抗压强度的影响

轴心抗压强度能消除立方体试件两端面的竖向压力不均匀和水平向摩阻约束的影响。根据圣维南原理，试件受压面上的不均匀应力状态，只对局部范围内的应力分布有显著影响，其影响区的高度约等于试件的宽度，试件中部接近于均匀的单轴受压应力[82]。高性能混凝土轴心抗压强度试验结果见表4.16。

HPC 轴心抗压强度及弹性模量试验结果　　表 4.16

试验编号	重度 (kg/m^3)	28d 立方体抗压强度 (MPa)	28d 轴心抗压强度 (MPa)	28d 弹性模量 (GPa)	轴心抗压强度/立方体抗压强度
S1	2408	61.5	48.7	41.7	0.7919
S2	2420	62.6	51.5	42.4	0.8227
S3	2433	64.0	54.7	43.8	0.8547
S4	2441	63.2	52.8	44.1	0.8354
S5	2452	60.2	50.5	42.6	0.8389
S6	2420	62.6	53.1	43.3	0.8482
S7	2441	64.7	54.4	44.4	0.8408
S8	2451	66.6	55.2	45.1	0.8288
S9	2459	68.3	59.1	46.5	0.8653
S10	2424	64.7	55.1	43.6	0.8516
S11	2436	67.4	56.8	44.8	0.8427
S12	2435	72.4	62.6	45.9	0.8646
S13	2468	75.8	65.7	46.8	0.8668
S14	2408	66.9	56.2	43.1	0.8401
S15	2401	66.4	55.9	43.2	0.8419
S16	2396	67.0	56.0	42.9	0.8358
S17	2387	61.3	50.2	41.9	0.8189

由表 4.16 中数据可以看出，随掺合料掺量的增加轴心抗压强度的变化趋势和立方体抗压强度的变化趋势相同。掺入粉煤灰后，HPC 轴心抗压强度都比基准配合比 S1 的要大，并且随着粉煤灰掺量的增加，先增大后减小，在 15% 掺量的情况下达到最大值 54.7MPa。掺入硅粉后，轴心抗压强度都比基准配合比 S1 的要大，并呈现出随着掺量增加而增大的趋势，单掺 12% 硅粉时达到最大，为 59.1MPa。在掺入 15% 粉煤灰基础上掺入硅粉后，轴心抗压强度有了大幅度的提高，比单掺 15% 粉煤灰的要高，也比相应硅粉掺量的轴心抗压强度要高。粉煤灰 HPC 轴心抗压强度随着硅粉掺量的增加呈增大趋势。在 15% 粉煤灰掺量和 6% 硅粉掺量基础上掺入聚丙烯纤维后，当掺量小于 $0.9kg/m^3$ 时，强度随掺量变化不明显，但比不掺纤维的配合比 S11 要略低；$1.1kg/m^3$ 掺量时强度降低较明显。这是由于加入矿物质掺合料后，掺合料中的大量活性成分与水泥水化产物 $Ca(OH)_2$ 发生火山灰反应，生成 C-S-H 凝胶，使界面黏结强度得到相应提高，并且这些细掺料填充于水泥颗粒之间，使水泥颗粒分散更均匀，增加了黏聚性和浇筑密实性，使混凝土初始结构致密化，改善了混凝土的内部结构。聚丙烯纤维的加入使混凝土重度降低了，使混凝土密实性减小了，并且聚丙烯纤维弹性模量比较低，对混凝土轴心抗压强度有降低的作用，但在小掺量范围内，这种作用不明显。

由表 4.16 中可以看出，轴心抗压强度与立方体抗压强度比值小于 1，为 0.8 ~ 0.87，平均比值为 0.8405。可以看出立方体强度越高的配比，其比值也越大。这是因为强度越高，混凝土越脆，立方体试件承压面上的水平摩阻力的约束作用相对减弱，对立方体抗压强度的有利作用减小，超出轴心抗压强度有限。

4.3.4 掺合料对 HPC 弹性模量的影响

由表4.16和图4.11可知，粉煤灰的掺入提高了HPC的弹性模量，随着粉煤灰掺量的增加，弹性模量先增大后减小。20%粉煤灰掺量HPC弹性模量比基准配合比的增加了5.8%。结合图4.1，可以看出粉煤灰高性能混凝土的强度越大，则其弹性模量也越大。粉煤灰的加入，减少了混凝土的空隙，并且粉煤灰中的活性成分还与水泥水化产物反应，提高了混凝土水泥石的强度，使混凝土的整体刚度变大，则变形减小，从而提高了混凝土的弹性模量[99]。在粉煤灰掺量超过20%时，由于水泥用量进一步的减少，使得水泥水化产物减少，也导致了粉煤灰与水泥水化产物反应的减少，导致了水泥石的强度降低，从而使混凝土的弹性模量减小了。

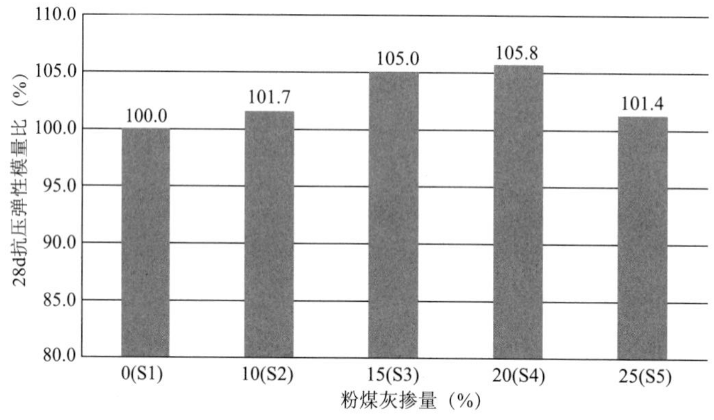

图4.11 粉煤灰不同掺量时HPC弹性模量的变化情况

由表4.16和图4.12可知，硅粉的掺入使HPC的弹性模量提高较多。高性能混凝土的弹性模量随着硅粉掺量的增加呈增大的趋势。在硅粉12%掺量时，混凝土弹性模量比基准配合比S1的提高了11.5%。硅粉加入混凝土后，能产生火山灰效应，填充效应和界面效应。这些作用能提高混凝土中水泥石和集料界面的黏结强度，并且使混凝土密实，减小了混凝土中的孔隙率，使混凝土的整体刚度变大，也就提高了混凝土的抗压弹性模量[100]。

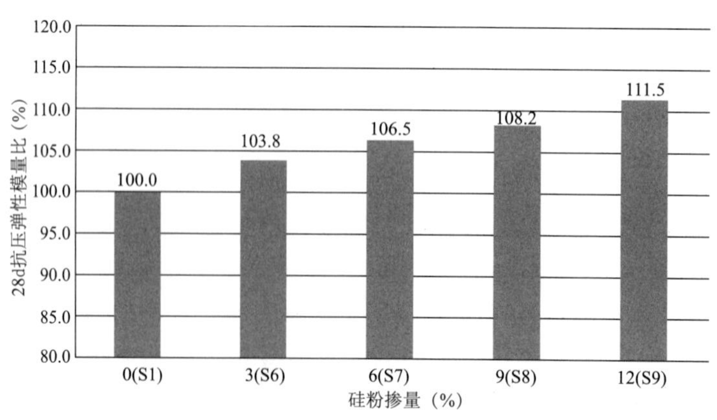

图4.12 硅粉不同掺量时HPC弹性模量的变化情况

由表 4.16 和图 4.13 可知，在粉煤灰 HPC 中掺入硅粉，能提高混凝土的弹性模量，并且随着硅粉掺量的增加而增大。在硅粉掺量为 12% 时粉煤灰 HPC 弹性模量比基准配合比 S3 的增大了 6.8%。粉煤灰和硅粉的同时加入，能使混凝土更密实，则混凝土中空隙更少，随着粉煤灰和硅粉与水化产物的反应，使混凝土中的原始缺陷更少，提高了混凝土的强度和弹性模量。

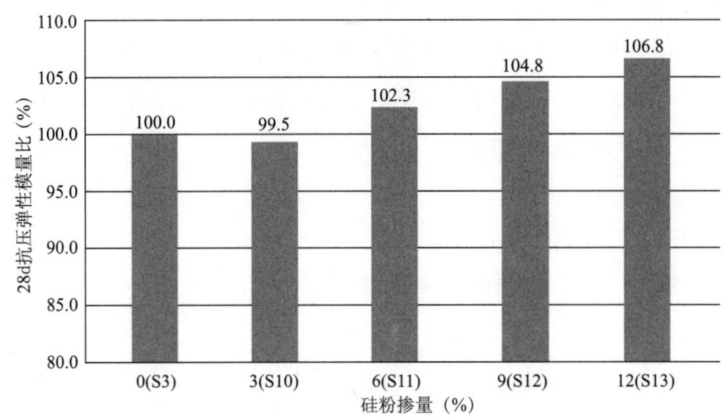

图 4.13　硅粉不同掺量时粉煤灰 HPC 弹性模量的变化情况

由表 4.16 和图 4.14 可以看出，聚丙烯纤维的加入，使混凝土的弹性模量有所降低。在聚丙烯纤维掺量较少时，弹性模量变化不明显；在掺量较大时，弹性模量降低幅度更大。如纤维掺量为 1.1kg/m^{3}时，HPC 弹性模量为基准配合比弹性模量的 93.3%。聚丙烯纤维是一种低弹性模量合成纤维，加入聚丙烯纤维后，使混凝土的孔隙率增大了，对强度和弹性模量起降低作用。

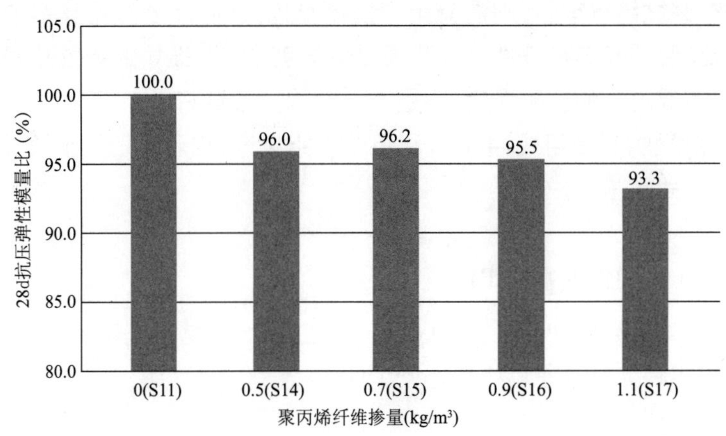

图 4.14　聚丙烯纤维不同掺量时 HPC 弹性模量的变化情况

4.3.5　HPC 弹性模量计算公式

用于混凝土设计中的弹性模量很少是由试验确定的，而一般由弹性模量与强度之间的经验公式估算而得。普通混凝土的弹性模量计算公式不一定适用于高性能混凝土。

美国 ACI 建筑规范中采用下式来计算混凝土的弹性模量[101]：

$$E_c = 0.043 \times \rho^{1.5} \times \sigma_c^{0.5} \tag{4.5}$$

式中：E_c——混凝土的弹性模量（MPa）；

ρ——混凝土重度（kg/m^3）；

σ_c——混凝土标准圆柱体抗压强度（MPa）。

英国实施的规范中采用下式来计算混凝土弹性模量[49]：

$$E_c = 9.1 \times \rho \times \sigma_c^{\frac{1}{3}} \tag{4.6}$$

式中：E_c——混凝土的弹性模量（MPa）；

ρ——混凝土重度（kg/m^3）；

σ_c——混凝土标准圆柱体抗压强度（MPa）。

国家标准中采用如下关系式确定普通混凝土的弹性模量[92]：

$$E_c = \frac{10^5}{2.2 + \frac{34.7}{f_{cu}}} \tag{4.7}$$

式中：E_c——混凝土的弹性模量（MPa）；

f_{cu}——混凝土的立方体抗压强度（MPa）。

从式(4.5)、式(4.6)可看出弹性模量与混凝土的抗压强度和重度有关，而式(4.7)只考虑了混凝土强度的影响。能够影响混凝土强度的因素也都影响着混凝土的弹性模量。混凝土弹性模量的影响因素有很多，首先是混凝土中集料、砂浆的弹性模量及其体积含量，混凝土中含有越多高弹性模量的粗集料则其弹性模量就越高；其次是混凝土的密实度，即混凝土孔隙率，若孔隙率小则混凝土刚性大，不易产生变形，其弹性模量大；再次是集料与砂浆界面的强度，集料与砂浆黏结得牢固，则混凝土弹性模量也大；此外还有粗集料的形状和表面状况，试件的配合比、龄期和养护条件等。我国很多学者[102-104]推导的弹性模量计算公式中涉及的影响因素只有混凝土的抗压强度，这是不全面的。本章将考虑强度和重度对 HPC 弹性模量的影响，计算模型[105]采用式(4.8)，利用试验结果来进行回归分析[106]，得出适合 HPC 弹性模量的计算公式。

$$E_c = k \times \rho^a \times f_{cu}^b \tag{4.8}$$

式中：E_c——混凝土的弹性模量（MPa）；

ρ——混凝土重度（kg/m^3）；

f_{cu}——混凝土标准立方体抗压强度（MPa）；

k、a、b——待定系数。

将表 4.16 中数据经过二元回归分析后，得到系数 $k = 0.00687$，$a = 1.8131$，$b = 0.3675$。公式为：

$$E_c = 0.00687 \times \rho^{1.8131} \times f_{cu}^{0.3675} \tag{4.9}$$

相关系数 R 为 0.9439，R 接近 1，表明回归方程比较理想。回归变异系数 C_V 为 0.33%，这个精度对于实际要求已经足够。

强度和重度对混凝土弹性模量影响的大小不是一样的，其中一个应是主要因素，一个是次要因素。当自变量的关系密切时，很难分清主次，可用自变量的偏回归平方和 P_ρ 和 $P_{f_{cu}}$ 的大小来区分哪个是主要因素，数值大的为主要因素，小的为次要因数。经计算得：

$$P_\rho = 0.003981 \qquad P_{f_{cu}} = 0.006453$$

$P_{f_{cu}}$ 大于 P_ρ，说明立方体抗压强度为主要因素，混凝土重度为次要因素。对于次要因素的影响有时是可以忽略不计的，这样就可以简化回归分析，简化了计算公式。现在借助 t_i 的值来分析影响因素的重要性。t_i 称为影响因素的 T 值，T 值越大，则该因素越重要，一般而言，T 值大于 1，则自变量有一定的影响；T 值大于 2，则自变量为重要因素；T 值小于 1，则该因素可以忽略不计。

$$t_i = \frac{\sqrt{P_i}}{s} \tag{4.10}$$

式中：P_i——自变量的偏回归平方和；

s——剩余标准差。

由式(4.10)计算得 $t_\rho = 5.13$，$t_{f_{cu}} = 6.53$。两个因素的 T 值都大于 2，说明混凝土的重度和立方体抗压强度都为重要影响因素，不能忽略。并且 $t_{f_{cu}}$ 大于 t_ρ，说明立方体抗压强度因素比重度因素更重要。

经过 HPC 弹性模量数值回归分析后知，重度和强度都是 HPC 弹性模量的重要影响因素，这和理论分析结果相一致，采用重度和强度来计算高性能混凝土的弹性模量，结果更接近试验值，其精度能满足实际需要。

4.4　抗弯拉强度及抗弯拉弹性模量试验

混凝土的抗弯拉强度又称作混凝土的抗折强度。混凝土构件大多是承受弯曲而不是承受轴向拉伸的，因而混凝土的抗弯拉强度能更好地反映人们所关心的混凝土性能。特别是在高等级公路和机场路面的质量控制中广泛地采用混凝土抗弯拉强度这个指标。影响混凝土抗弯拉强度的因素主要有：水泥石的强度、集料的性质和水泥石与集料的黏结力[107]。本试验主要研究粉煤灰、硅粉以及聚丙烯纤维对 HPC 抗弯拉强度及抗弯拉弹性模量的影响。

4.4.1　抗弯拉强度及抗弯拉弹性模量试验方法

常用的抗弯拉强度试验方法有单点加载和三分点加载两种方法[98]。单点加载试验方法最大弯矩在试件的中央，破坏断面被固定。而三分点加载方法最大弯矩在两个加载点之间，破坏断面是随机的，破坏将发生在纯受弯区最薄弱的界面。相对而言，三分点加载试验方法能更好地反映混凝土抵抗弯曲变形的能力。本试验将采用三分点荷载加载方式进行试验。三分点加载试验方法在计算混凝土试件断面应力时有三个基本假定：

(1) 中和轴上、下的压应变和拉应变呈线性变化。

(2) 中和轴上、下的压应力和拉应力也呈线性变化。

(3) 混凝土的拉伸弹性模量等于压缩弹性模量。

由此可以得到混凝土抗弯拉强度的计算公式为：

$$f_f = \frac{FL}{bh^2} \tag{4.11}$$

式中：f_f——混凝土的抗弯拉强度（MPa）；

F——混凝土试件破坏时的最大荷载（N）；

L——支座间距离，这里为300mm；

b——试件截面的宽度（mm）；

h——试件截面的高度（mm）。

每个配合比成型6个试件，试件尺寸为100mm×100mm×400mm，标准养护28d。到试验龄期时，3个进行混凝土抗弯拉强度试验，3个进行混凝土抗弯拉弹性模量试验。抗弯拉强度计算结果应乘以尺寸换算系数0.85，即为混凝土的抗弯拉强度实际值。

试验时将试件成型时的侧面朝上放在支座上，并检查支座及压头位置，使试件几何对中，所有间距符合图4.15中的要求。加载速度为0.05～0.08MPa/s，当试件接近破坏或变形迅速增大时，停止调整试验机油门，直至试件破坏，记下最大破坏荷载F，并观察试件的破坏位置。以3个试件测值的算术平均值为测定值。如果3个试件中最大值或最小值中有一个与中间值之差超过中间值的15%，则把该值舍去，以中间值为试件的测定值；如果最大值和最小值与中间值之差都超过中间值的15%，则该组试验无效。如果某组中试件的破坏断面位于两个集中加载点外（以受拉区为准），则该试件的结果无效，混凝土抗弯拉强度由剩下两个试件的试验值计算；如果有2个以上试件的破坏面在加荷点外侧，该组结果无效。

抗弯拉弹性模量的测试方法仍采用三分点加载法。试件的跨中挠度用千分表测量，在试件支座上方的截面中心安置一根沿试件长度方向的刚性杆，在试件受力变形时刚性杆仍保持水平，且只受重力的作用，将千分表固定在刚性杆上，位于试件的跨中位置，在千分表正下方的试件上粘贴一个L形光滑小铁片，让千分表表头顶在铁片上，并且保证千分表有足够的量程[109]。试验装置如图4.16所示。

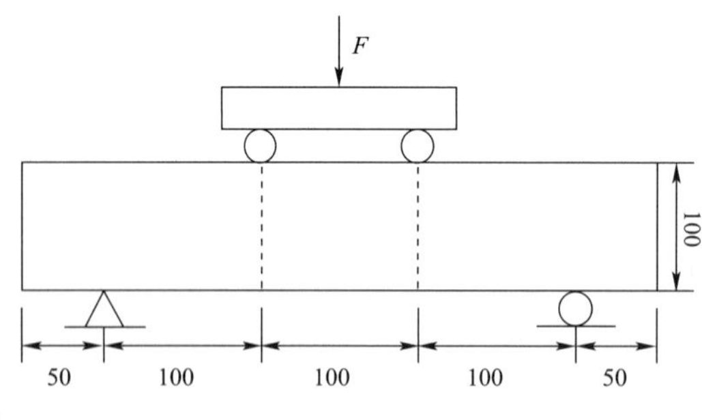

图4.15 抗弯拉强度试验示意图（尺寸单位：mm）

图4.16 抗弯拉弹性模量试验

取抗弯拉最大破坏荷载平均值的1/2为抗弯拉弹性模量试验的荷载标准（即$F_{0.5}$），进行5次加载卸载循环，以0.15～0.25kN/s的速度加载，记下千分表开始转动时的荷载值为

F_0,加载到 $F_{0.5}$时,再次记下千分表的值。取第5次循环的挠度值为准,如果最后2次循环挠度值相差大于0.5μm时,须再进行一次循环,直到最后两次循环的挠度值之差小于0.5μm,结束试验,取最后一次挠度值为计算弹性模量的变形值[50]。

混凝土抗弯拉弹性模量 E_f 按简支梁在三分点各加载 $F_{0.5}/2$ 的跨中挠度公式反算求得:

$$E_f = \frac{23L^3(F_{0.5} - F_0)}{1296J|\Delta_{0.5} - \Delta_0|} \tag{4.12}$$

$$J = \frac{bh^3}{12} \tag{4.13}$$

式中:E_f——混凝土抗弯拉弹性模量(MPa);

F_0、$F_{0.5}$——初始荷载和终荷载(N);

Δ_0、$\Delta_{0.5}$——对应 F_0、$F_{0.5}$荷载时的千分表读数(mm);

L——试件支座间距离,这里为300mm;

J——试件断面转动惯量(mm^4);

h——试件的高(mm);

b——试件的宽(mm)。

4.4.2 粉煤灰对HPC抗弯拉强度及抗弯拉弹性模量的影响

从表4.17中可知,HPC中加入粉煤灰后,提高了混凝土的抗弯拉强度。随着粉煤灰掺量的增加,HPC的抗弯拉强度呈现出先增加后减小的趋势,在粉煤灰15%掺量时,抗弯拉强度达到最大值,与基准配合比相比抗弯拉强度增长了5.4%。混凝土抗弯拉强度与立方体抗压强度的弯压比却随着粉煤灰掺量的增加,呈增大的趋势。这说明了粉煤灰的加入,对抗弯拉强度贡献更大。粉煤灰中的活性成分与水泥水化产物发生二次反应,提高了水泥石的强度,粉煤灰颗粒比水泥更细小,填充在混凝土的空隙中,随着二次反应的进行,提高了集料与水泥石的胶结强度,从而提高了混凝土的抗弯拉强度。

粉煤灰HPC抗弯拉强度及抗弯拉弹性模量试验结果 表4.17

试验标号	粉煤灰掺量(%)	28d抗弯拉强度(MPa)	28d抗压强度(MPa)	28d抗弯拉弹性模量(GPa)	弯压比	抗弯拉强度相对百分比(%)
S1	0	6.43	61.5	39.8	0.1045	100
S2	10	6.55	62.6	42.4	0.1047	101.9
S3	15	6.78	64.0	43.4	0.1060	105.4
S4	20	6.71	63.2	42.8	0.1061	104.4
S5	25	6.50	60.2	42.2	0.1080	101.1

由表4.17可知,粉煤灰的加入,提高了HPC抗弯拉弹性模量,随着粉煤灰掺量的增加,抗弯拉弹性模量呈现先增大后减小的趋势。这是因为粉煤灰的加入,提高了混凝土的强度,并且使混凝土更密实了,提高了混凝土的刚度。

4.4.3　硅粉对 HPC 抗弯拉强度及抗弯拉弹性模量的影响

由表 4.18 可知，硅粉的加入，使 HPC 的抗弯拉强度有了大幅度的提高，并且随着硅粉掺量的增加而增大。在 12% 硅粉掺量时，与基准配合比相比混凝土的抗弯拉强度提高了 53.5%。硅粉的加入提高了混凝土的抗弯拉弹性模量，随着硅粉掺量的增加而增大；弯压比也随着硅粉掺量的增大而变大。硅粉在混凝土中会产生火山灰效应、填充效应和界面效应，这些效应都能提高混凝土的抗弯拉强度和抗弯拉弹性模量，并且硅粉的加入还能提高混凝土的耐磨性能，在公路混凝土中往往都加入硅粉。

硅粉 HPC 抗弯拉强度及抗弯拉弹性模量试验结果　　表 4.18

试验标号	硅粉掺量（%）	28d 抗弯拉强度（MPa）	28d 抗压强度（MPa）	28d 抗弯拉弹性模量（GPa）	弯压比	抗弯拉强度相对百分比（%）
S1	0	6.43	61.5	39.8	0.1045	100
S6	3	7.24	62.6	42.6	0.1157	112.6
S7	6	8.34	64.7	43.5	0.1289	129.7
S8	9	8.98	66.6	44.7	0.1348	139.7
S9	12	9.87	68.3	46.1	0.1445	153.5

4.4.4　双掺粉煤灰和硅粉对 HPC 抗弯拉强度及抗弯拉弹性模量的影响

为了研究同时掺加粉煤灰和硅粉对 HPC 抗弯拉强度及抗弯拉弹性模量的影响，以掺 15% 粉煤灰 HPC（配合比 S3）为基准，变化硅粉掺量，得到了硅粉不同掺量时粉煤灰 HPC 抗弯拉强度及抗弯拉弹性模量的变化情况。

由表 4.19 可知，硅粉的加入，提高了粉煤灰 HPC 的抗弯拉强度和抗弯拉弹性模量，并且随着硅粉掺量的变大而增大。在 12% 硅粉掺量时，与基准配合比相比抗弯拉强度提高了 33.9%。弯压比也随着硅粉掺量的增加而增大。粉煤灰和硅粉都可以提高混凝土的水泥石强度和混凝土的界面胶结强度。单掺粉煤灰时抗弯拉强度增长的幅度不大，加入硅粉后，增长幅度较大，这样可以减少水泥的用量。

硅粉不同掺量时粉煤灰 HPC 抗弯拉强度及抗弯拉弹性模量试验结果　　表 4.19

试验标号	粉煤灰掺量（%）	硅粉掺量（%）	28d 抗弯拉强度（MPa）	28d 抗压强度（MPa）	28d 抗弯拉弹性模量（GPa）	弯压比	抗弯拉强度相对百分比（%）
S3	15	0	6.78	64.0	43.4	0.1060	100
S10	15	3	7.06	64.7	43	0.1092	104.1
S11	15	6	7.45	67.4	43.7	0.1105	109.9
S12	15	9	8.21	72.4	44.5	0.1134	121.1
S13	15	12	9.08	75.8	45.2	0.1198	133.9

4.4.5　聚丙烯纤维对HPC抗弯拉强度与抗弯拉弹性模量的影响

由前面分析可知，粉煤灰和硅粉的加入，都能增大混凝土的抗弯拉强度，但同时也增大了混凝土的抗弯拉弹性模量。对于某些结构混凝土，则需要较高的抗弯拉强度和较低的抗弯拉弹性模量。为了研究聚丙烯纤维对双掺粉煤灰和硅粉的HPC抗弯拉强度及抗弯拉弹性模量的影响，以掺15%粉煤灰和6%硅粉的HPC（配合比S11）为基准，变化纤维掺量，得到了纤维不同掺量时双掺粉煤灰和硅粉的HPC抗弯拉强度及抗弯拉弹性模量的变化情况。由表4.20可知，聚丙烯纤维的加入，提高了HPC的抗弯拉强度，并且随着聚丙烯纤维掺量的增加，呈先增大后减小的趋势。在0.9kg/m^{3}掺量时达到最大值，与基准配合比相比提高了9.9%。但是掺入聚丙烯纤维后，HPC的抗弯拉弹性模量却降低了，为36～37GPa。弯压比随着纤维掺量的增加而变大。聚丙烯纤维的加入对提高混凝土的抗弯拉强度作用大。

聚丙烯纤维HPC抗弯拉强度及抗弯拉弹性模量试验结果　　表4.20

试验标号	粉煤灰掺量（%）	硅粉掺量（%）	聚丙烯纤维掺量（kg/m^3）	28d抗弯拉强度（MPa）	28d抗压强度（MPa）	28d抗弯拉弹性模量（GPa）	弯压比	抗弯拉强度相对百分比（%）
S11	15	6	0	7.45	67.4	43.7	0.1105	100
S14	15	6	0.5	7.91	66.9	37.5	0.1182	106.2
S15	15	6	0.7	8.03	66.4	37.2	0.1210	107.8
S16	15	6	0.9	8.24	67.0	37.6	0.1229	109.9
S17	15	6	1.1	7.70	61.3	36.3	0.1256	103.4

聚丙烯纤维的加入阻止了混凝土中原有裂缝的发展，减少了初始裂缝的数量且减小了裂缝尺度，从而降低了裂缝尖端的应力强度因子，缓和了裂缝尖端应力集中程度。在受力过程中，又抑制了裂缝的产生与扩展，从而提高了混凝土的抗弯拉强度，降低了混凝土的脆性。由于聚丙烯纤维是低弹性模量的合成纤维，它降低了混凝土的整体刚度，降低了混凝土的抗弯拉弹性模量，因而聚丙烯纤维的加入，可以适当提高混凝土开裂后的承载能力，提高混凝土的延性。

4.5　小结

（1）粉煤灰掺入HPC后，大幅度提高了混凝土后期强度。粉煤灰HPC的基本力学性能指标都随着粉煤灰掺量的增加呈现出先增大后减小的趋势，在15%～20%粉煤灰掺量时HPC的基本力学性能最好。

（2）硅粉掺入HPC后，不仅提高了混凝土7d、28d的抗压强度和劈裂抗拉强度，而且后期强度也有一定的增长。硅粉HPC的基本力学性能指标都随着硅粉掺量的增加而增大。

（3）双掺粉煤灰和硅粉后，HPC前期抗压及劈裂抗拉强度有所降低，28d时强度都大幅度提高，后期增长减小，HPC的脆性增大。HPC的基本力学性能指标都随着硅粉掺量的增加而增大。

(4)聚丙烯纤维掺入 HPC 后,对混凝土的立方体抗压强度、轴心抗压强度、抗压弹性模量及抗弯拉弹性模量有降低作用,但能提高混凝土的劈裂抗拉强度和抗弯拉强度,表明聚丙烯纤维的加入能减小 HPC 的脆性。聚丙烯纤维 HPC 的基本力学性能指标都随着纤维掺量的增加呈现出先增大后减小的趋势,在 $0.9kg/m^3$ 时达到最优。

第 5 章　高性能混凝土断裂性能试验研究

传统的强度理论是假定材料为均匀连续体,忽略构件客观存在的缺陷和裂纹。但是实际的构件往往在凝结硬化过程中或使用过程中出现裂缝,因而实际材料的强度低于理论模型的强度。低应力脆断事故的发生大都源于混凝土结构内部的微小裂缝和缺陷。因此人们更迫切需要知道混凝土中裂缝产生的原因、裂缝的特性和裂缝的发展过程等。混凝土断裂力学能帮助人们更好地研究这一复杂问题。

1961 年,M. F. Kaplan 将线弹性断裂力学应用于混凝土的断裂韧度试验中,该研究引起了学术界的注意和重视,此后,很多学者进行了大量的混凝土断裂试验研究[110-111]。1971 年,Kesler、NanS 和 Lott 认为用于尖裂纹的经典的线弹性断裂力学理论不适用于混凝土,这个结论由 Walash 加以证实[112]。因此,人们提出了许多混凝土断裂破坏的非线性分析方法和模型。1976 年,Hillerborg 及其同事[113]提出的虚拟裂纹模型能真实地反映裂纹端部微裂纹区的物理状态。该模型引起了学术界的广泛关注和重视,因为它标志着描述混凝土非线性断裂性能的重要进展,也是混凝土断裂力学成熟的起点。后来相当多的研究者以虚拟裂缝模型为基础提出了各种断裂模型。

混凝土断裂参数是评定混凝土断裂性能的指标,也是对混凝土断裂行为进行数值分析所不可缺少的输入参数。各国研究者的研究表明,断裂能是混凝土的材料特性,断裂韧度表征材料抵抗断裂的能力。临界裂缝张开位移与试件尺寸大小无关,也可以表征混凝土的断裂性能。本文以混凝土的断裂韧度、断裂能以及裂缝嘴和裂缝尖端张开位移为评价指标来研究粉煤灰、硅粉以及聚丙烯纤维对高性能混凝土断裂性能的影响。

5.1　试验方法概述

国内外学者采用直接拉伸法、紧凑拉伸法、三点弯曲梁法和楔入劈拉法等方法来研究混凝土断裂参数[114]。直接拉伸法要求试验机具有非常高的刚度,混凝土试件的尺寸也要非常准确,不但能测出完整的应力应变曲线,还能提供抗拉强度和弹性模量等参数信息,但是刚度稍差的机器往往不能测出"荷载—位移"曲线的下降段,从而无法计算断裂能,一般的实验室很难实现;紧凑拉伸法和楔入劈拉法所测荷载为水平方向,能消除试件自重对试验结果的影响,对试验机刚度要求较低,试件制作简单且不易损坏;三点弯曲梁法试件制作简单且操作简便易行,对试验机刚度要求不是很高,比较容易得到稳定的试验曲线,适合一般条件的实验室。本试验将采用三点弯曲梁法来测定高性能混凝土断裂韧度和断裂能等断裂参数。

5.1.1　三点弯曲梁试件制作

本试验所采用的三点弯曲梁试件基本形状见图 5.1。其中试件长度 $L = 515$mm,试件的

高和宽 $h = b = 100\text{mm}$，跨距 $S = 400\text{mm}$。试件的切口深度 a_0 为 40mm，即相对切口深度$a_0/h = 0.4$。

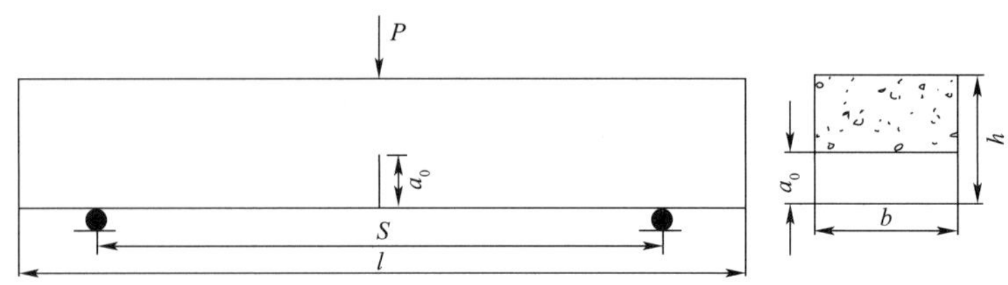

图5.1　试件形式及尺寸简图

试件浇筑成型后，在标准养护室养护28d后取出，制作切口，然后进行断裂试验。切口用混凝土高速切割机制作，缝宽约3mm。为了减小集料的重力效应和边壁效应对混凝土断裂性能测试结果的影响，切口位置设计在试件成型时的侧面。

5.1.2　试验装置

三点弯曲试验在2000kN万能试验机上进行，荷载传感器的量程范围为0～30kN。为了保证试验过程的连续稳定，采用4个碟簧加固装置对试验机进行刚性加固，如图5.2所示。碟形弹簧加固装置加载时，变形随荷载的增加直线增加，卸载时碟簧组合装置具有滞回特性。碟簧加固装置可以吸收由于试件破坏导致试验机突然卸载而产生的附加变形能量，保证试验过程可靠稳定的进行。

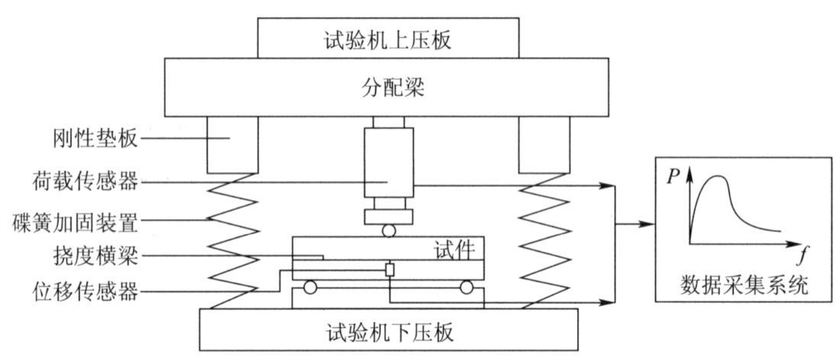

图5.2　三点弯曲试验加载装置示意图

本试验通过自制夹式引伸仪来测量混凝土裂缝尖端张开位移(CTOD)和裂缝嘴张开位移(CMOD)，如图5.3所示。CMOD夹式引伸仪用合金铝刀口布置在梁侧面裂缝口处，刀口与试块底部平行，CTOD夹式引伸仪用刀口固定在梁侧面裂缝尖端部位。夹式引伸仪通过粘贴在桥臂上的应变片将桥臂的变形量转化为电信号，经过全桥电路放大后输入到数据自动采集系统，在数据自动采集系统中绘出荷载－CMOD曲线和荷载－CTOD曲线。

在试件支座上方的截面中心安置沿梁长方向的刚性杆，将电测位移计直接安装在刚性杆上，以消除支座沉降对跨中相对位移的影响，见图5.3。电测位移计与数据自动采集系统相连，就可以直接得到三点弯曲切口梁的荷载—挠度曲线。

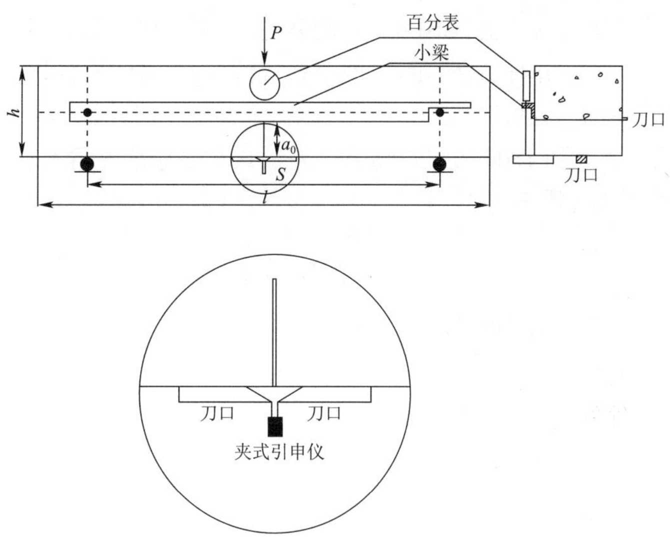

图 5.3　三点弯曲试验测试装置布置简图

5.1.3　试验过程

试验前先对碟簧加固装置和试块支座进行几何对中调整，使 4 个碟簧加固装置相对试验机左右前后对中，支座调整后应使三点弯曲梁切口端部相对于试验机上压板几何对中，试块的切缝正对试验机上压板的中心线。因为混凝土是脆性材料，如果对中效果不好，将会使试件产生偏心受压，在达到最大破坏荷载时试件将会发生脆断，使荷载下降段数据采集大量减少，不能获得完整的荷载—位移曲线。有的试件由于浇筑原因，试件放在支座上不平稳，采用小薄钢片垫在试块支座下方，使试块完全平稳接触支座。

试验中采用连续加载方式，加载速度为 10N/s，荷载达到起裂荷载后加载速度变小，使裂缝慢慢地稳定发展，峰值荷载后，根据荷载—挠度曲线来调整加载速度大小，使曲线稳定地发展。荷载传感器、电测位移计和夹式引伸仪连接到数据自动采集系统实现数据自动采集，采集频率为 1 次/s。试验中可以同时并且实时观察荷载—挠度曲线，荷载 - CMOD 曲线和荷载 - CTOD 曲线，根据这些试验曲线来控制加载速度。如图 5.4 所示为试验现场图。

图 5.4　试验现场图

5.2　断裂韧度试验结果与分析

5.2.1　断裂韧度计算

混凝土断裂韧度 K_{IC} 是混凝土在 I 型裂缝发生扩展时应力强度因子 K_I 的临界值。混凝土的断裂韧度是由所用材料的固有特性所决定的，来表示材料抵抗裂纹失稳扩展的能力。采用三点弯曲试验方法，一般有三个 K_{IC} 计算公式：一个是由国内金属断裂专家陈篪提出的公式;一个是由美国材料试验协会(ASTM)在 E399 - 74 中给出的公式;还有一个是 Tada 提出的公式。前两个公式在国内比较常用,这两个公式都是利用数值计算方法得出结果,并非解析解。文献[115]指出,当缝高比在 0.4 ~0.6 时,前两个公式计算出来的断裂韧度差异非常微小。考虑到陈篪公式和 Tada 公式在缝高比超过 0.7 以后的奇异性,本章中断裂韧度的计算采用 ASTM 公式[116],其表达式为:

$$K_{IC} = \frac{P_{max}S}{bh^{3/2}}f\left(\frac{a}{h}\right) \tag{5.1}$$

式中:K_{IC}——HPC 的断裂韧度($kN/m^{3/2}$);

P_{max}——最大竖向荷载(kN);

h、b、S——梁式试件的高度、宽度和跨度(m);

a——预制裂缝的长度(m);

$f\left(\frac{a}{h}\right)$——与$\frac{a}{h}$的值有关的函数,其表达式为:

$$f\left(\frac{a}{h}\right) = 2.9\left(\frac{a}{h}\right)^{\frac{1}{2}} - 4.6\left(\frac{a}{h}\right)^{\frac{3}{2}} + 21.8\left(\frac{a}{h}\right)^{\frac{5}{2}} - 37.6\left(\frac{a}{h}\right)^{\frac{7}{2}} + 38.7\left(\frac{a}{h}\right)^{\frac{9}{2}} \tag{5.2}$$

根据试件承受的极限荷载 P_{max}和裂缝的初始长度 a_0 得到其断裂韧度 K_{IC},但这并未考虑混凝土裂缝尖端的亚临界扩展量 Δa_c,并不能真实地反映高性能混凝土的断裂性能。由于掺合料的加入,提高了混凝土水泥石的强度和界面强度,将对裂缝的发展产生影响,所以本文将采用有效裂纹长度 a_c来计算高性能混凝土的断裂韧度。

对于标准的三点弯曲梁(跨高比为 4),荷载 P 及裂缝嘴水平张开位移有如下关系[117-119]:

$$CMOD = \frac{6PSa_c}{bhE} \times F_1(\alpha)$$

$$F_1(\alpha) = 0.76 - 2.28\alpha + 3.87\alpha^2 - 2.04\alpha^3 + \frac{0.66}{(1-\alpha)^2} \tag{5.3}$$

式中:E——混凝土的弹性模量(MPa);

S——梁跨(m);

b、h——试件宽度和高度(m);

P——荷载(N);

a_c——有效裂缝长度(m);

$CMOD$——与荷载 P 对应的裂缝嘴水平张开位移(m);

α——有效裂缝长度和试件高度比,即$\frac{a_c}{h}$。

将试验中测得的最大荷载 P_{max}和临界裂缝嘴水平张开位移 $CMOD_c$ 代入公式(5.3)中,可得到关于有效裂缝长度 a_c 的非线性方程,可计算求得 a_c,但过程烦琐,文献[120]给出了如下的简化公式:

$$CMOD = \frac{P}{Eb}\left[3.70 + 32.60\tan^2\left(\frac{\pi}{2}\alpha\right)\right] \tag{5.4}$$

式中,变量含义与式(5.3)中变量含义相同。

由式(5.3)和式(5.4)计算结果显示,当 $0.2 \leqslant \alpha \leqslant 0.75$ 时,最大相对误差仅为 2%,满足计算要求,这样就可以按照式(5.4)计算有效裂缝长度 a_c。

$$a_c = \frac{2}{\pi} h \times arctan \sqrt{\frac{Eb}{32.6P} CMOD - 0.1135} \tag{5.5}$$

由式(5.5)计算出来的有效裂缝长度 a_c 和最大极限荷载 P_{max} 带入公式(5.1),计算出混凝土的断裂韧度,见表 5.1。

HPC 断裂韧度及断裂能试验结果　　表 5.1

试验组别	最大荷载 (N)	最大跨中挠度 (mm)	$CMOD_c$ (μm)	a_c (m)	断裂韧度 ($kN/m^{3/2}$)	断裂能 (N/m)
S1	3650	0.4433	42.179	0.054928	1451.59	83.45
S2	3700	0.6467	54.190	0.058932	1723.25	87.55
S3	3750	0.7733	56.983	0.059844	1830.78	132.17
S4	3850	0.8933	64.246	0.062471	1946.24	152.38
S5	3360	0.8100	53.631	0.060495	1637.67	134.29
S6	3690	0.6800	54.469	0.059617	1739.70	149.77
S7	3760	0.6133	51.955	0.058953	1729.23	109.26
S8	3930	0.5400	48.045	0.057196	1694.37	93.31
S9	4020	0.5233	44.693	0.056118	1667.34	85.30
S10	3840	0.6867	42.737	0.055047	1533.50	109.95
S11	3910	0.5733	40.223	0.054166	1514.37	100.85
S12	3960	0.4933	37.989	0.053381	1492.98	84.476
S13	4070	0.4300	35.754	0.052190	1474.01	75.77
S14	3550	1.0900	45.251	0.057136	1527.25	136.44
S15	3580	1.2867	48.045	0.058027	1591.00	159.23
S16	3480	1.7600	50.000	0.059029	1604.98	171.08
S17	3300	2.3200	53.352	0.060548	1611.64	178.94
S18	3680	0.5733	49.162	0.057604	1610.33	117.40

在参考大量混凝土断裂性能研究结果后,为了更好地反映硅粉掺量变化对高性能混凝土断裂性能的影响规律,决定添加一组配合比(S18)。配合比 S18 为单掺 1.5% 硅粉的高性能混凝土(28d 抗压强度为 62.1MPa,28d 抗压弹性模量为 42.3GPa)。

5.2.2　粉煤灰对 HPC 断裂韧度的影响

由表 5.1 可知,粉煤灰的掺入,对 HPC 的破坏荷载产生一定的影响,随着粉煤灰掺量的增大,破坏荷载是先增大后减小,在 20% 粉煤灰掺量时达到最大值 3850N。由图 5.5 可知,粉煤灰的掺入,提高了 HPC 的有效裂缝长度,随着粉煤灰掺量的增加,a_c 呈现出先增加后减小的趋势。4 种粉煤灰掺量时的有效裂缝长度分别是基准配合比 S1 的 107.3%、108.9%、113.7%、110.1%。粉煤灰 HPC 的断裂韧度随着粉煤灰掺量的增加也呈现出先增大后减小趋势,在 20% 粉煤灰掺量时达到最大值,为 1964.24kN/$m^{3/2}$。由图 5.6 可以看出,粉煤灰的加入大大地提高了混凝土的断裂韧度,4 种粉煤灰掺量的高性能混凝土的断裂韧度分别是基准配合比 S1 的 118.7%、126.1%、134.1%、112.8%,最大提高了 34.1%。

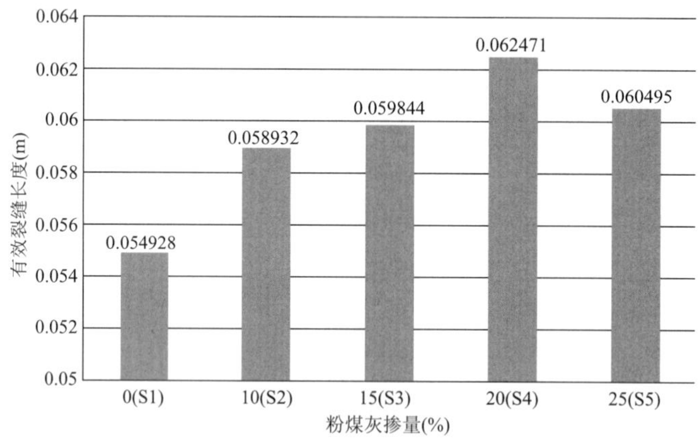

图 5.5 粉煤灰不同掺量时 HPC 有效裂缝长度的变化情况

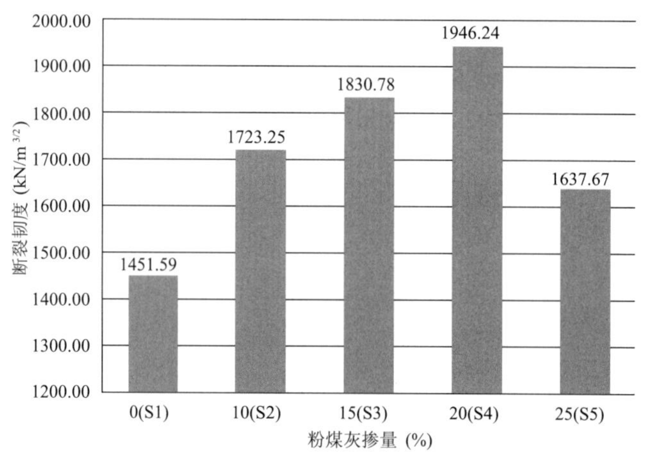

图 5.6 粉煤灰不同掺量时 HPC 断裂韧度的变化情况

粉煤灰的加入,使得混凝土更加密实,粉煤灰的火山灰效应提高了水泥石的强度,并且减小了混凝土的原始缺陷,也就是原始裂纹尺寸的减小和数量的减少,提高了混凝土的承载能力,对于阻止裂纹的产生和扩展同样有益,提高了混凝土的断裂韧度[121-122]。但是随着粉煤灰掺量超过 20% 时,由于水泥用量进一步减少,导致粉煤灰与水泥水化产物反应的减少,使水泥石强度开始降低,表现为在 20% 粉煤灰掺量以后,粉煤灰 HPC 的有效裂缝长度和断裂韧度呈减小趋势。

5.2.3 硅粉对 HPC 断裂韧度的影响

由表 5.1 可知,随着硅粉掺量的增大,硅粉 HPC 的破坏荷载是增大的,在 12% 硅粉掺量时达到最大值 4020N。由图 5.7 可知，硅粉的掺入，提高了 HPC 的有效裂缝长度，随着硅粉掺量的变化，a_c 呈现出先增大后减小的趋势，3% 硅粉掺量时 a_c 达到最大值，为 59.6mm。五种硅粉掺量时的有效裂缝长度分别是基准配合比 S1 的 104.9%、108.5%、107.3%、104.1%、102.2%。硅粉 HPC 的断裂韧度随着硅粉掺量的增加呈现出先增大后减小的趋势，在 3% 硅粉掺量时达到最大值，为 1739.70kN/m$^{3/2}$。由图 5.8 可以看出，硅粉的加入提高了混凝土的断裂韧度，五种硅粉掺量的高性能混凝土的断裂韧度分别是基准配合比 S1 的 110.9%、119.8%、119.1%、116.7%、114.9%，最大提高了 19.8%。

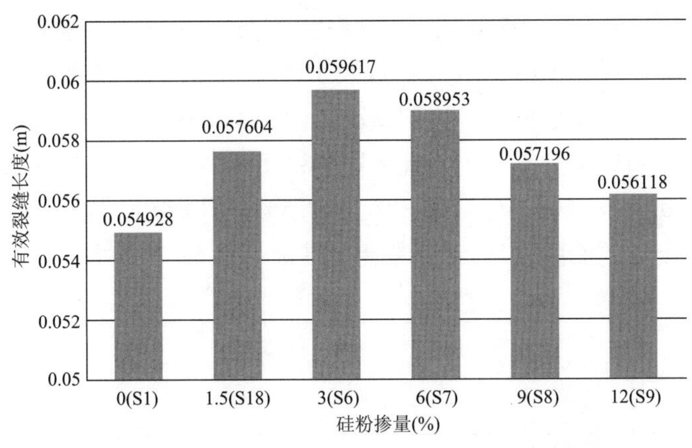

图 5.7　硅粉不同掺量时 HPC 有效裂缝长度的变化情况

当硅粉掺量在较小的范围时，硅粉的掺入使得混凝土更加密实，硅粉中的 SiO_2 与水泥水化产物反应，生成 C-S-H 胶凝体，提高了水泥石的强度，并且减小了混凝土的原始缺陷，提高了混凝土的承载能力，从而提高了混凝土的断裂韧度。但是随着硅粉掺量的进一步增大，使得混凝土中水泥石与集料的胶结能力进一步增大，也使混凝土更均匀、坚固和密实，将导致裂缝在发展过程中横穿过粗集料，即断裂发生在粗集料的内部，这样就可能导致混凝土的脆性增大[123]，降低了混凝土的断裂韧度。即随着硅粉掺量的增大，硅粉 HPC 的断裂韧度呈现出先增大后减小的趋势。

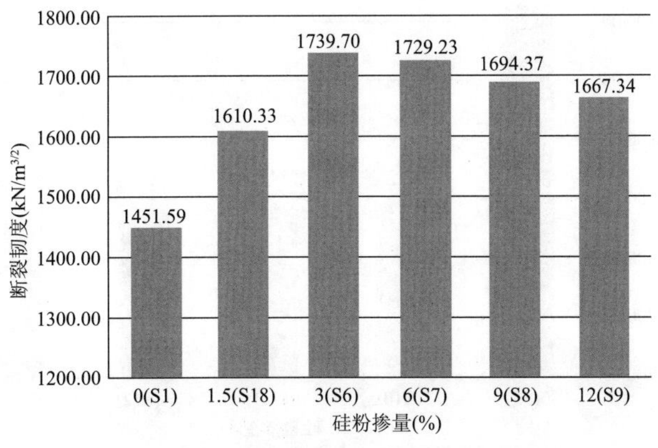

图 5.8　硅粉不同掺量时 HPC 断裂韧度的变化情况

5.2.4 双掺粉煤灰和硅粉对 HPC 断裂韧度的影响

为了研究同时掺加粉煤灰和硅粉的 HPC 的断裂性能，以掺 15% 粉煤灰 HPC（配合比 S3）为基准，变化硅粉掺量，得到了硅粉不同掺量时粉煤灰 HPC 断裂韧度的变化情况。

由表 5.1 可知，随着硅粉掺量的增大，粉煤灰 HPC 的破坏荷载是增大的，在 12% 硅粉掺量时达到最大值 4070N。由图 5.9 可知，硅粉的掺入，降低了粉煤灰 HPC 的有效裂缝长度，随着硅粉掺量的增加，a_c 呈现出减小的趋势，12% 硅粉掺量时 a_c 为 52.2mm。4 种硅粉掺量时的有效裂缝长度分别是配合比 S3 的 92.0%、90.5%、89.2%、87.2%，分别是基准配合比 S1 的 100.2%、98.6%、97.2%、95.0%。可以看出，硅粉和粉煤灰混掺后减小了高性能混凝土的有效裂缝长度。由图 5.10 可看出，粉煤灰 HPC 的断裂韧度随着硅粉掺量的增加而减小，在 12% 硅粉和 15% 粉煤灰掺量时达到最小值，为 1474.01kN/$m^{3/2}$。4 种硅粉掺量的粉煤灰高性能混凝土的断裂韧度分别是配合比 S3 的 83.8%、82.7%、81.5%、80.5%，但分别是基准配合比 S1 的 105.6%、104.3%、102.9%、101.5%，可以看出，硅粉的加入大幅度地降低了粉煤灰高性能混凝土的断裂韧度，但还是比基准配合比 S1 有所提高。

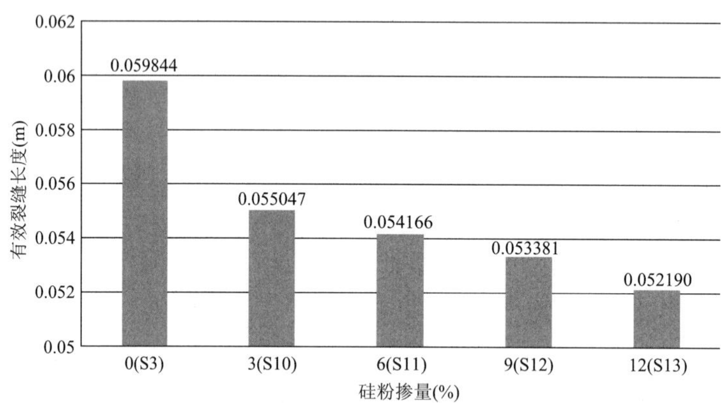

图 5.9 硅粉不同掺量时粉煤灰 HPC 有效裂缝长度的变化情况

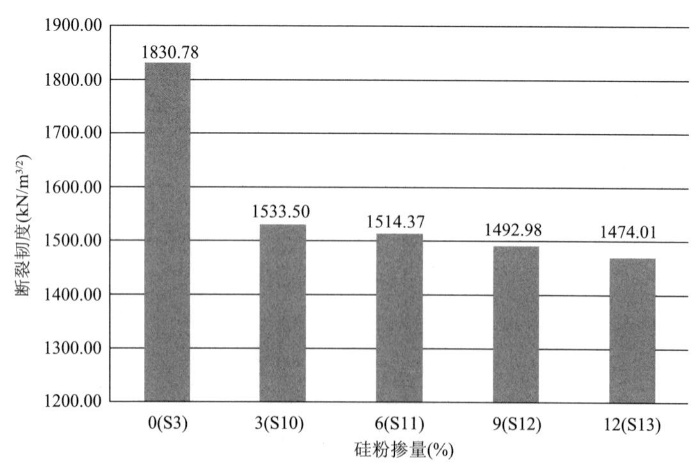

图 5.10 硅粉不同掺量时粉煤灰 HPC 断裂韧度的变化情况

硅粉和粉煤灰的同时掺入使水泥石的强度和集料界面的胶结强度都大幅度提高，并且由于硅粉和粉煤灰能形成有效级配，使混凝土更加密实，使混凝土中的原始缺陷进一步减少，提高了混凝土的承载能力。这时裂缝在混凝土内发展时遇到粗集料时，将贯穿粗集料内部，导致混凝土的脆性增大，降低了混凝土的断裂韧度。根据混凝土断裂理论：脆性材料内部存在适量的缺陷会降低材料的脆性。因为当裂缝尖端扩展到内部缺陷部位时，缺陷会起到钝化裂缝尖端的作用。由于硅粉和粉煤灰的加入使原始缺陷大量减少，导致混凝土的刚度增大，使混凝土脆性表现更明显[124]。

5.2.5　聚丙烯纤维对 HPC 断裂韧度的影响

为了研究聚丙烯纤维对 HPC 断裂性能的影响，以掺 15% 粉煤灰和 6% 硅粉掺量的 HPC（配合比 S11）为基准，变化聚丙烯纤维掺量，研究聚丙烯纤维对高性能混凝土断裂韧度的影响。

由表 5.1 可知，聚丙烯纤维对高性能混凝土的破坏荷载有减小作用，在 0.9kg/m^{3}掺量内变化不大，大掺量情况下降低比较明显，当纤维掺量为 0.9kg/m^{3}时，破坏荷载只有基准 S11 配合比的 84.4%。由图 5.11 可知，聚丙烯纤维的掺入，提高了 HPC 的有效裂缝长度，随着聚丙烯纤维掺量的增加，a_c呈现出增大的趋势，1.1kg/m^{3}聚丙烯纤维掺量时 a_c为 60.5mm。四种聚丙烯掺量时的有效裂缝长度分别是配合比 S11 的 105.5%、107.1%、109.0%、111.8%。由图 5.12 可知，聚丙烯纤维 HPC 的断裂韧度随着纤维掺量的增加而增加，在 1.1kg/m^{3}聚丙烯纤维掺量时达到最大值，为 1611.64kN/m$^{3/2}$。四种纤维掺量的高性能混凝土的断裂韧度分别是配合比 S11 的 100.9%、105.1%、106.0%、106.4%。可以看出，聚丙烯纤维对高性能混凝土的断裂韧度提高幅度不大。

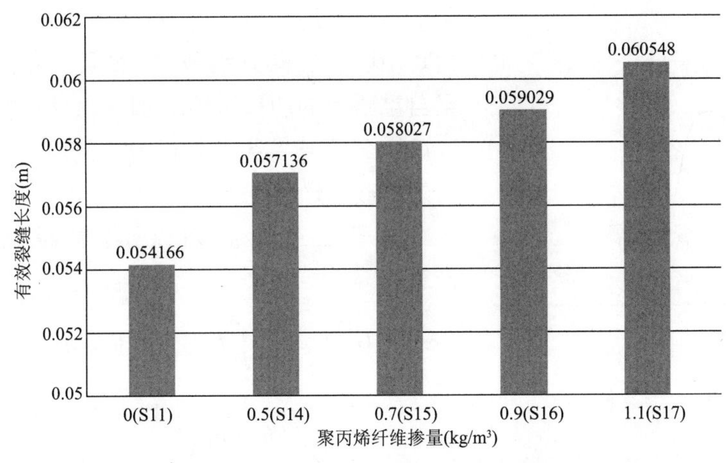

图 5.11　聚丙烯纤维不同掺量时 HPC 有效裂缝长度的变化情况

聚丙烯纤维加入 HPC，经搅拌均匀后在混凝土中形成一种三维乱向支撑网，能大量减少混凝土的塑性收缩，从而大量减少混凝土原始缺陷。又因为聚丙烯纤维具有良好的延伸性，与高性能混凝土水泥石的黏结强度较高，当混凝土受力时，应力自基体传递给聚丙烯纤维，纤维受力后，产生变形，消耗了能量；当裂缝产生后，跨越裂缝的聚丙烯纤维起到受力筋的作用，阻止裂缝的扩展，从而提高了混凝土的断裂韧性。但是由于聚丙烯纤维弹性模量较低，对断裂韧度的提高幅度较小。聚丙烯纤维加入混凝土后，能产生弱界面效应，降低了混凝土的最大破坏荷载[125,126]。

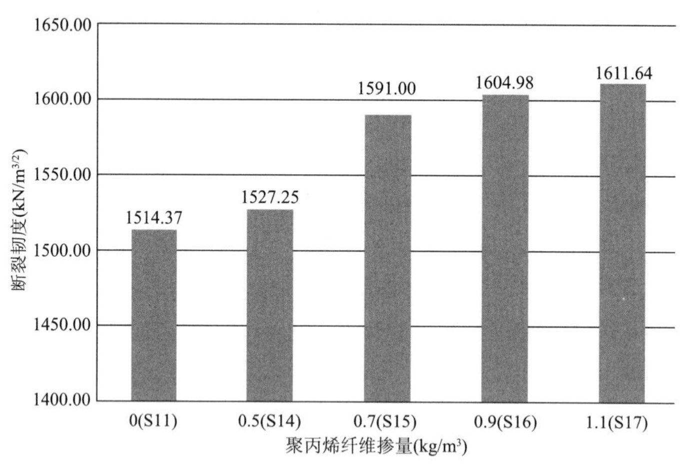

图 5.12 聚丙烯纤维不同掺量时 HPC 断裂韧度的变化情况

5.3 断裂性能试验结果与分析

5.3.1 断裂能计算

断裂能是基于虚拟裂纹模型并考虑混凝土软化特性的断裂参数，是指断裂区单位面积所消耗能量的大小[127]。对于三点弯曲切口梁上的外力功由以下三部分组成：施加梁上外荷载所做的功、梁自重所做的功和试验时加载附件所做的功[128]。图5.13为三点弯曲梁典型荷载—挠度曲线，曲线下面积为外荷载所做的功。

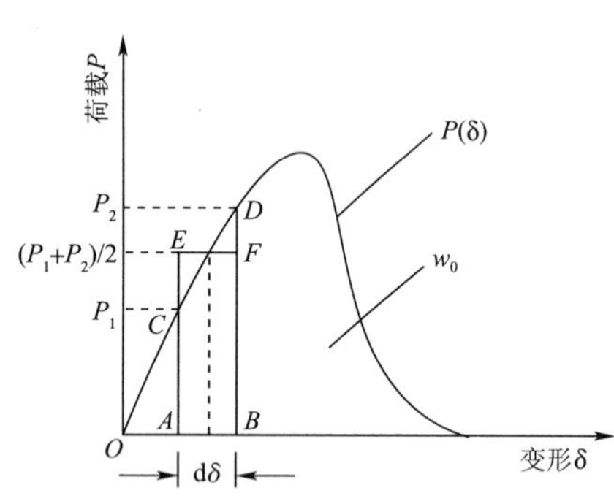

图 5.13 荷载—挠度全曲线

对于三点弯曲切口梁，断裂能采用下式来计算[123]：

$$G_F = \frac{1}{A_{lig}}\left[\int_0^{\delta} P(\delta)\times \mathrm{d}\delta + mg\delta_{max}\right] = \frac{1}{b(h-a_0)}\left[W_0 + (m_1+2m_2)g\delta_{max}\right] \tag{5.6}$$

式中：G_F——断裂能(N/m)；

A_{lig}——试件断裂韧带面积(m^2)；

W_0——“荷载—挠度”曲线下的面积(N·m)；

$P(\delta)$——“荷载—挠度”曲线函数表达式；

δ、δ_{max}——试件的跨中挠度和最大跨中挠度(m)；

g——重力加速度(9.8m/s^2)；

m_1——试件支点间的梁重(kg)；

m_2——与试验机不连在一起的加载附件质量(kg)；

b、h——梁式试件的宽度和高度(m)；

a_0——预制裂缝的长度(m)。

用式(5.6)计算断裂能,忽略了试件断裂面以外混凝土吸收的能量以及试件支座和加载压头弹性变形吸收的能量。许多学者发现,采用三点弯曲法确定的混凝土断裂能具有明显的尺寸效应[129-132]。试件尺寸增大一倍,断裂能测试值增加20%;试件尺寸增大两倍,断裂能测试值增加30%[127]。所以用该方法求得的断裂能只能在相同试件尺寸下进行比较。断裂能计算结果见表5.1。

5.3.2　粉煤灰对HPC断裂能的影响

由表5.1可知,高性能混凝土中加入粉煤灰后,大幅度提高了混凝土的最大跨中挠度,并且随着粉煤灰掺量的增加呈现出先增大后减小的趋势,在20%粉煤灰掺量时达到最大,为0.8933mm。四种粉煤灰掺量高性能混凝土的最大跨中挠度分别为基准配合比S1的145.9%,174.4%,201.5%,182.7%。由图5.14可知,粉煤灰的加入提高了混凝土断裂能,随着粉煤灰掺量的增加呈现出先增大后减小的趋势,20%粉煤灰掺量时达到最大值,为152.38N/m。四种粉煤灰掺量高性能混凝土断裂能分别为基准配合比S1的104.9%,158.4%,182.6%,160.9%。图5.15为不同粉煤灰掺量时高性能混凝土的荷载—挠度曲线,可以看出,掺入粉煤灰后,曲线下降段变得较饱满,随着粉煤掺量的增大,曲线的下降段越趋于饱满。

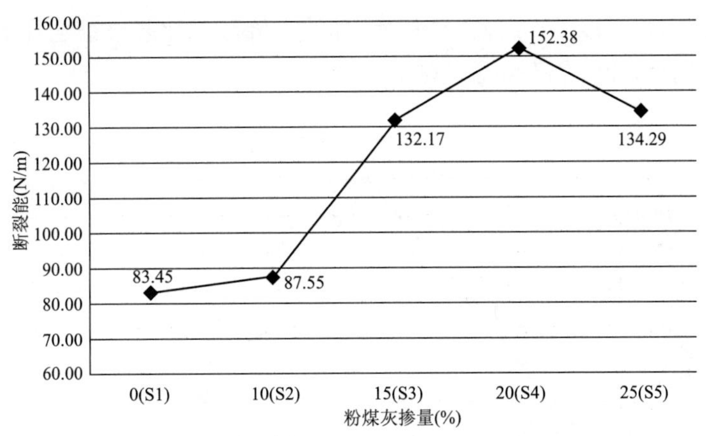

图5.14　粉煤灰不同掺量时HPC断裂能的变化情况

粉煤灰的加入,提高了混凝土的强度,主要是水泥石的强度,也使混凝土更加密实。裂缝在粉煤灰高性能混凝土中扩展时,由于水泥石强度的提高,使得裂缝沿着粗集料与水泥石胶结面破坏,延长了裂缝扩展的路径,使端口吸收的能量增大,则提高了混凝土的断裂能[133]。但是在粉煤灰掺量超过20%后，由于粉煤灰用量的增大，导致了水泥用量的减少，降低了水泥石强度，裂缝可以在水泥石内发展，从而使混凝土断裂能减小。

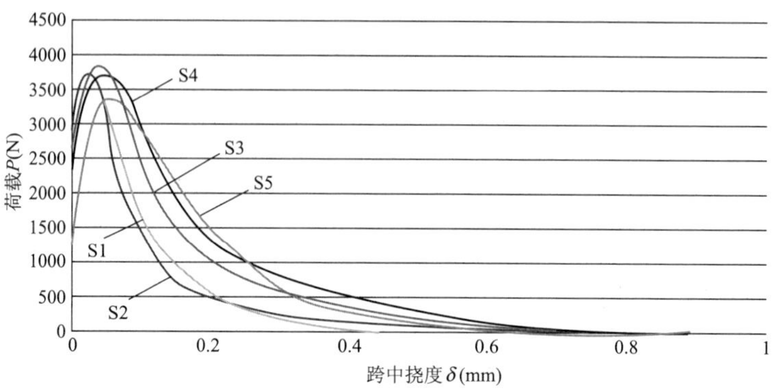

图5.15　粉煤灰不同掺量时HPC的"P-δ"曲线比较

5.3.3　硅粉对HPC断裂能的影响

由表5.1可知，高性能混凝土中加入硅粉后，提高了混凝土的最大跨中挠度，随着硅粉掺量的增加呈现出先增加后减小的趋势，3%硅粉掺量时最大跨中挠度达到最大值，为0.6800mm。五种硅粉掺量HPC的最大跨中挠度分别为基准配合比S1的129.3%、153.4%、138.3%、121.8%、118.0%。由图5.16可知，硅粉的加入提高了混凝土的断裂能，但是随着硅粉掺量的增加，断裂能呈现出先增大后减小的趋势，在3%硅粉掺量时达到最大值，为149.77N/m。五种硅粉掺量HPC的断裂能分别为基准配合比S1的140.7%、179.5%、130.9%、111.8%、102.2%。在硅粉掺量很小的情况下，断裂能的提高幅度较大，在12%硅粉掺量时只比基准配合比S1的断裂能高出2.2%。图5.17为不同硅粉掺量时高性能混凝土的荷载—挠度曲线，可以看出，掺入硅粉后，曲线下降段都比基准配合比S1的饱满，但是随着硅粉掺量的增大，曲线的下降段越陡。

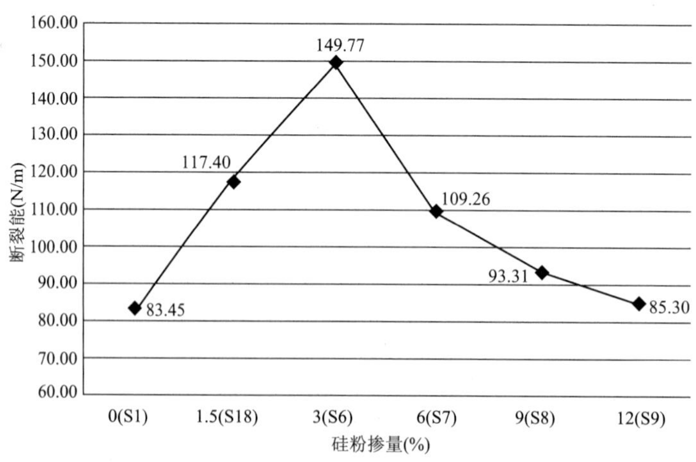

图5.16　硅粉不同掺量时HPC断裂能的变化情况

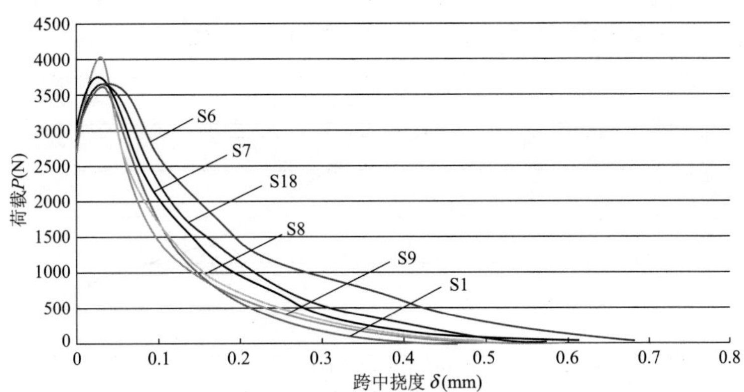

图5.17　硅粉不同掺量时HPC的“P-δ”曲线比较

在硅粉小掺量时，不仅提高了混凝土的水泥石强度，还提高了混凝土中集料与水泥石的胶结强度，使得裂缝发展更为困难，能提高混凝土的断裂能。但是硅粉掺量继续增大时，混凝土中水泥石强度、粗集料与水泥石的胶结强度将更高，当裂缝在硅粉混凝土中发展遇到粗集料时，一部分将直接切断粗集料继续扩展，另一部分沿着集料胶结面扩展，减小了裂缝扩展路径，裂缝穿过粗集料所耗的总能量要小于绕集料沿界面扩展所耗的能量，所以断裂能将逐渐减小。

5.3.4　双掺粉煤灰和硅粉对HPC断裂能的影响

为了研究同时掺加粉煤灰和硅粉的HPC的断裂能，以掺15%粉煤灰HPC(配合比S3)为基准，变化硅粉掺量，得到了硅粉不同掺量时粉煤灰HPC断裂能的变化情况。

由表5.1可知，在15%粉煤灰掺量HPC混凝土中同时加入硅粉后，降低了混凝土的最大跨中挠度，随着硅粉掺量的增加而减小，12%硅粉掺量时粉煤灰高性能混凝土的最大跨中挠度为0.4300mm。四种硅粉掺量的粉煤灰HPC的最大跨中挠度分别为15%粉煤灰掺量高性能混凝土S3的88.8%、74.1%、63.8%、55.6%。由图5.18可知，硅粉的加入降低了粉煤灰高性能混凝土的断裂能，随着硅粉掺量的增加而减小，在12%硅粉掺量时达到最小值，为75.77N/m。四种硅粉掺量的粉煤灰高性能混凝土的断裂能分别为配合比S3的83.2%、76.3%、63.9%、57.3%。由图5.16和图5.18比较可知，在相同硅粉掺量情况下，双掺硅粉和粉煤灰的高性能混凝土的断裂能要比单掺硅粉的要小。双掺硅粉和粉煤灰后增大了混凝土的脆性。图5.19为不同硅粉掺量时粉煤灰高性能混凝土的荷载—挠度曲线，可以看出，掺入硅粉后，曲线下降段都没有配合比S3的饱满，并且随着硅粉掺量的增大，曲线的下降段越陡。

硅粉和粉煤灰能形成有效级配，使混凝土更加密实，又由于硅粉和粉煤灰都具有火山灰效应，大幅度提高了水泥石强度及集料胶结强度；又因为裂缝扩展总是沿着耗能最小的路径前进，所以裂缝将直接切断粗集料继续扩展，使得裂缝扩展路径进一步减小，使断面消耗的能量也减小，则混凝土的断裂能减小。

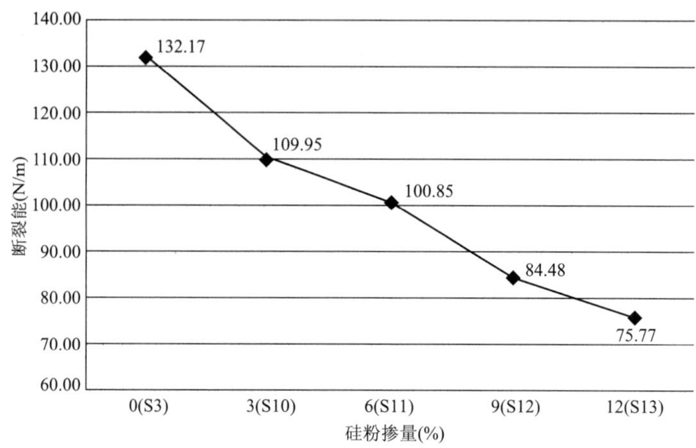

图 5.18　硅粉不同掺量时粉煤灰 HPC 断裂能的变化情况

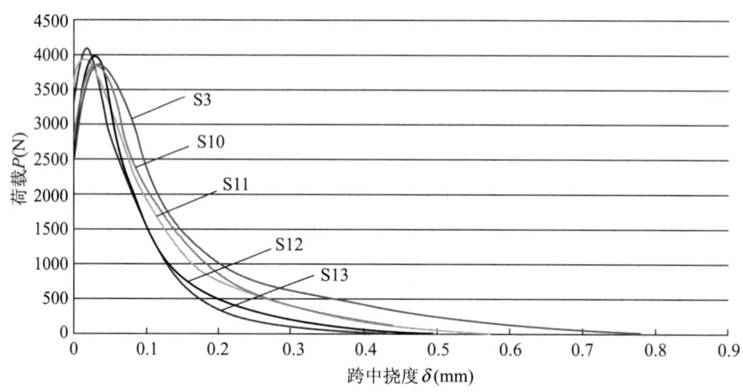

图 5.19　硅粉不同掺量时粉煤灰 HPC 的“P-δ”曲线比较

5.3.5　聚丙烯纤维对 HPC 断裂能的影响

为了研究聚丙烯纤维对 HPC 断裂性能的影响，以掺 15% 粉煤灰和 6% 硅粉掺量的 HPC（配合比 S11）为基准，变化聚丙烯纤维掺量，研究聚丙烯纤维对高性能混凝土断裂能的影响。

由表 5.1 可知，在 15% 粉煤灰和 6% 硅粉掺量的高性能混凝土中掺入聚丙烯纤维后，大大提高了混凝土的最大跨中挠度，并且随着纤维掺量的增加而增大，1.1kg/m^3 纤维掺量时高性能混凝土的最大跨中挠度达到 2.32mm。四种聚丙烯纤维掺量的高性能混凝土的最大跨中挠度分别为配合比 S11 的 190.1%，244.4%、307.0%、404.7%，可以看出，纤维掺入大大提高了 HPC 的最大跨中挠度。由图 5.20 可知，聚丙烯纤维的加入提高了 HPC 的断裂能，并且随着纤维掺量的增加而增大，在 1.1kg/m^3 纤维掺量时为最大值，为 178.94N/m。四种聚丙烯纤维掺量的高性能混凝土的断裂能分别为配合比 S11 的 135.3%、157.9%、169.6%、177.4%。断裂能的增大幅度并没有最大跨中挠度增加幅度大，四种聚丙烯纤维掺量的 HPC 的断裂能增加幅度分别为 35.59N/m、22.79N/m、11.85N/m、7.86N/m。可以看出，随着纤维掺量的增大,纤维对 HPC 断裂能的作用效果在降低。图 5.21 为不同聚丙烯纤维掺量时高性能混凝土的荷载—挠度曲线,可以看出,掺入纤维后,曲线上升段比配合比 S11 的斜率小,上升段时混凝土的变形就开始增大,下降段比配合比 S11 要饱满得多;并且随着纤维掺量的增大,曲线的下降段变化不明显,但尾巴呈增大趋势。纤维的加入提高了混凝土的断裂能。

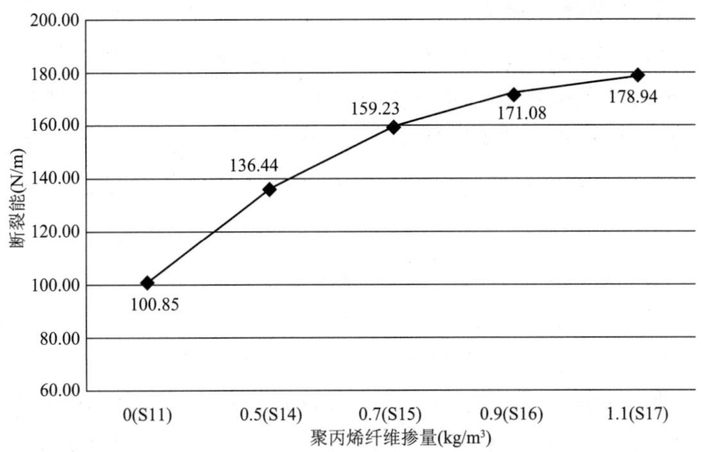

图 5.20　聚丙烯纤维不同掺量时 HPC 断裂能的变化情况

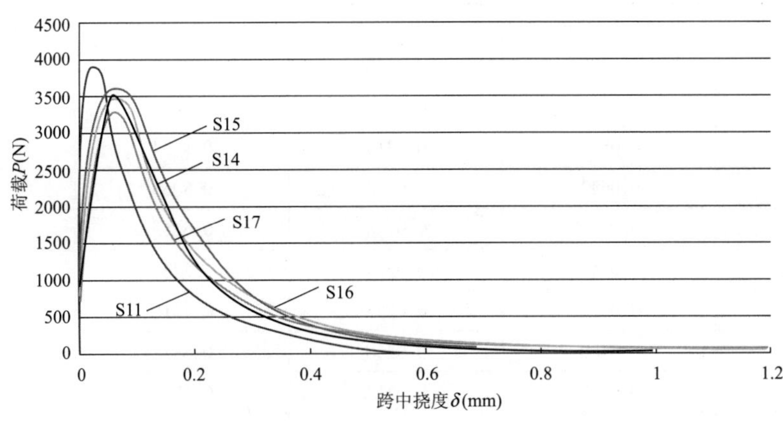

图 5.21　聚丙烯纤维不同掺量时 HPC 的“P-δ”曲线比较

聚丙烯纤维加入 HPC 后,能形成一种三维乱向支撑网,并且大量减少了混凝土中原始的缺陷。当混凝土受力时,应力自基体传递给聚丙烯纤维,纤维受力后,产生变形,消耗了能量;当裂缝产生后,跨越裂缝的聚丙烯纤维一方面能起到受力筋的作用,阻止裂缝的扩展;另一方面又能起到桥接作用,缓解裂缝尖端的应力集中,增加了裂缝的扩张阻力。裂缝要跨过纤维,只能绕过纤维或把纤维拉断来继续发展;这些都增大了裂缝发展过程中的能量消耗,从而提高了混凝土的断裂能。

5.4 裂缝嘴和裂缝尖端张开位移的试验结果与分析

5.4.1 COD 理论基本原理

A. A. Wells 于 1961 年最早提出裂缝张开位移(COD)理论:当裂缝张开位移达到材料的极限临界裂缝张开位移时,裂缝便会发生失稳扩展[116]。当带裂缝物体受力后,裂缝尖端附近存在的塑性区会导致裂缝尖端的表面张开,这个张开量就称为裂缝张开位移。裂缝张开位移包括裂缝尖端张开位移和裂缝嘴张开位移,当裂缝嘴张开位移达到临界裂缝嘴张开位移、裂缝尖端张开位移达到临界裂缝尖端张开位移时,裂缝就会发生失稳扩张。

COD 理论的基本思想是把带裂缝体受力后裂缝尖端的张开位移作为材料的断裂韧性指标,用裂缝尖端张开位移等于临界裂缝尖端张开位移这个判据来确定材料在发生大范围屈服断裂时构件工作应力和裂纹尺寸间的关系[134]。

COD 方法虽然缺乏严格的定义,也不是裂缝尖端应力场的严格描述,但是由于该方法较为直观,并且在一定条件下时测试结果比较稳定,是一个不随试件尺寸而变的材料常数,仍被作为弹塑性断裂力学的重要判据之一,其临界裂缝张开位移也被作为混凝土断裂韧性评价指标。

通过本试验采集到的高性能混凝土的 P-$CMOD$、P-$CTOD$ 曲线,由曲线可以得到高性能混凝土的临界裂缝嘴张开位移($CMOD_c$)、临界裂缝尖端张开位移($CTOD_c$)以及极限裂缝嘴张开位移($CMOD_{max}$)、极限裂缝尖端张开位移($CTOD_{max}$),结果见表 5.2。

HPC 裂缝张开位移试验结果 表 5.2

试验组别	$CMOD_c$(mm)	$CTOD_c$(mm)	$CMOD_{max}$(mm)	$CTOD_{max}$(mm)
S1	0.0422	0.0236	0.4844	0.3290
S2	0.0542	0.0299	0.7642	0.4967
S3	0.0570	0.0315	0.8754	0.5296
S4	0.0642	0.0348	0.8955	0.5748
S5	0.0536	0.0288	0.6553	0.4132
S6	0.0545	0.0279	0.8466	0.5868
S7	0.0520	0.0255	0.7316	0.4458
S8	0.0480	0.0236	0.6332	0.3948
S9	0.0447	0.0213	0.5820	0.3625
S10	0.0427	0.0184	0.7125	0.4255
S11	0.0402	0.0173	0.6304	0.3803
S12	0.0380	0.0148	0.6189	0.3789
S13	0.0358	0.0137	0.5556	0.3542
S14	0.0453	0.0247	1.0919	0.6871
S15	0.0480	0.0274	1.2528	0.7679
S16	0.0500	0.0291	1.8561	1.1348
S17	0.0534	0.0316	2.3832	1.4074
S18	0.0492	0.0263	0.6718	0.4118

5.4.2　粉煤灰对 HPC 裂缝张开位移影响

由图 5.22 可知，粉煤灰 HPC 临界裂缝嘴张开位移和临界裂缝尖端张开位移变化趋势一样，粉煤灰的加入提高了高性能混凝土的临界裂缝张开位移，并且随着粉煤灰掺量的增大呈现出先增大后减小的趋势，在 20% 粉煤灰掺量时最大，$CMOD_c$ 为 0.0642mm，$CTOD_c$ 为 0.0348mm。四种粉煤灰掺量高性能混凝土的临界裂缝嘴张开位移分别是基准配合比 S1 的 128.4%、135.1%、152.1%、127.0%，临界裂缝尖端张开位移分别是基准配合比 S1 的 126.7%、133.5%、147.5%、122.0%。由图 5.23 可知，粉煤灰高性能混凝土极限裂缝嘴张开位移和极限裂缝尖端张开位移变化趋势一样，粉煤灰的加入提高了高性能混凝土的极限裂缝张开位移，并且随着粉煤灰掺量增大呈现出先增大后减小的趋势，在 20% 粉煤灰掺量时最大，$CMOD_{max}$ 为 0.8955mm，$CTOD_{max}$ 为 0.5748mm。四种粉煤灰掺量高性能混凝土的极限裂缝嘴张开位移分别是基准配合比 S1 的 157.8%、180.7%、184.9%、135.3%，极限裂缝尖端张开位移分别是基准配合比 S1 的 151.0%、161.0%、174.7%、125.6%。可以看出，粉煤灰的加入能提高高性能混凝土的裂后行为，增大了混凝土的延性，降低了混凝土的脆性。

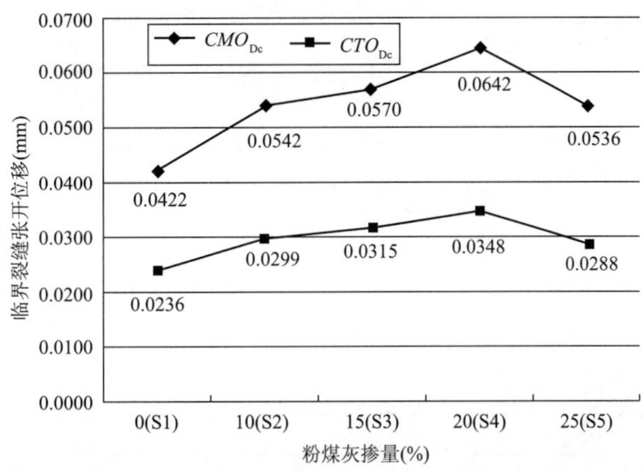

图 5.22　粉煤灰不同掺量时 HPC 临界裂缝张开位移的变化情况

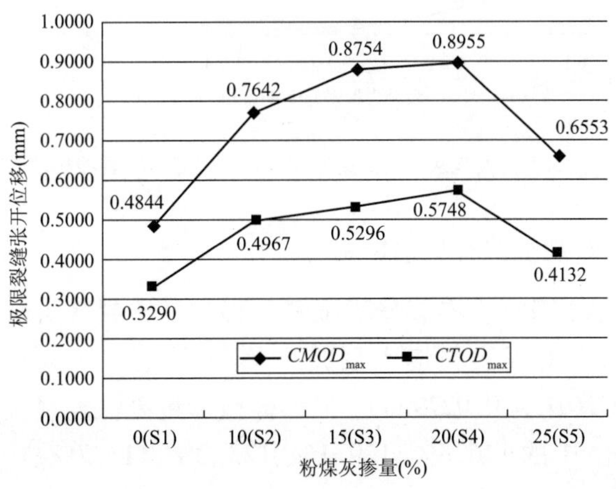

图 5.23　粉煤灰不同掺量时 HPC 极限裂缝张开位移的变化情况

粉煤灰的加入,提高了混凝土的密实度,减少了混凝土内部的微裂缝,并且由于粉煤灰的火山灰效应,提高了混凝土的强度,从而提高了混凝土抵抗微裂缝发展和扩展的能力,增大了裂缝张开位移。但是在粉煤灰掺量超过20%时,将会降低混凝土中水泥石的强度,裂缝再发展会更容易些,使混凝土裂缝张开位移呈减小趋势。

图5.24为荷载—裂缝嘴张开位移曲线,图5.25荷载—裂缝尖端张开位移曲线,可以看出,粉煤灰的加入使曲线下降段更饱满,提高了混凝土的断裂性能。

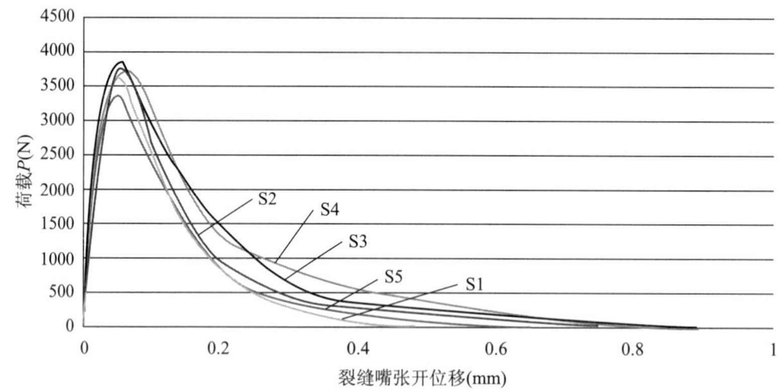

图5.24　粉煤灰不同掺量时HPC的“$P \sim CMOD$”曲线比较

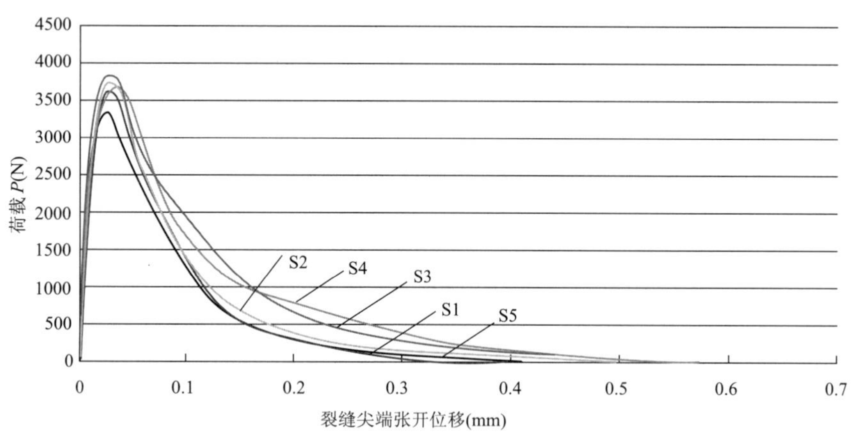

图5.25　粉煤灰不同掺量时HPC的“$P \sim CTOD$”曲线比较

5.4.3　硅粉对HPC裂缝张开位移影响

由图5.26可知,硅粉HPC临界裂缝嘴张开位移和临界裂缝尖端张开位移变化趋势一样,随着硅粉掺量的增大呈现出先增大后减小的趋势,在3%硅粉掺量时达到最大值,$CMOD_c$为0.0545mm,$CTOD_c$为0.0279mm。五种硅粉掺量高性能混凝土的临界裂缝嘴张开位移分别是基准配合比S1的116.6%、129.1%、123.2%、113.7%、105.9%,临界裂缝尖端张开位移分别是基准配合比S1的111.4%、118.2%、108.1%、100.0%、90.3%。

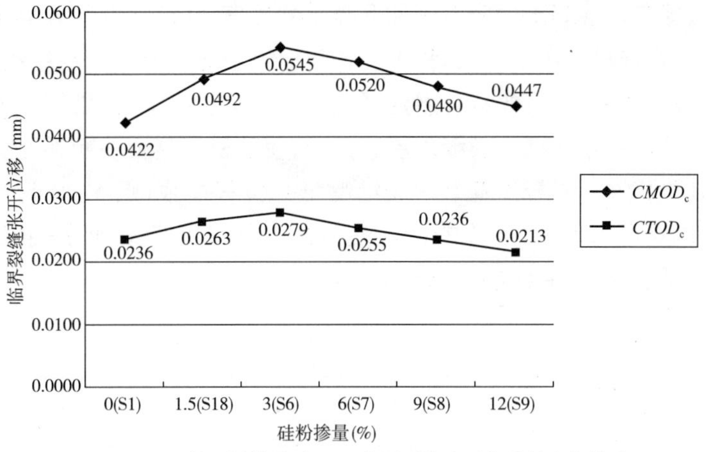

图5.26 硅粉不同掺量时 HPC 临界裂缝张开位移的变化情况

由表5.2中的数据可以看出，在12%硅粉掺量时，临界裂缝嘴张开位移比基准配合比S1的要大，而临界裂缝尖端张开位移却比基准配合比S1的小，这是由于试验方法中测量误差所致。在测量裂缝尖端张开位移时，刀口应该和裂缝尖端在一个平面上，由于人为视差，不能保证刀口位置完全正确，会对测量的裂缝尖端张开位移有影响。裂缝尖端位移可以由裂缝嘴张开位移推导出计算值，所以本试验中以所测 HPC 的裂缝嘴张开位移为主。

由图5.27可知，硅粉高性能混凝土极限裂缝嘴张开位移和极限裂缝尖端张开位移变化趋势一样，硅粉的加入提高了高性能混凝土的极限裂缝张开位移，随着硅粉掺量的增大呈现出先增大后减小的趋势，在3%硅粉掺量时达到最大值，$CMOD_{max}$ 为0.8466mm，$CTOD_{max}$ 为0.5868mm。五种硅粉掺量高性能混凝土的极限裂缝嘴张开位移分别是基准配合比S1的138.9%、174.8%、151.0%、130.7%、120.1%，极限裂缝尖端张开位移分别是基准配合比S1的125.2%、178.4%、135.5%、120.0%、110.2%。硅粉在3%掺量时，可以大幅度地提高混凝土的极限裂缝张开位移。硅粉的加入能提高高性能混凝土的裂后行为，但是随着硅粉掺量的增大，混凝土的脆性也增大。

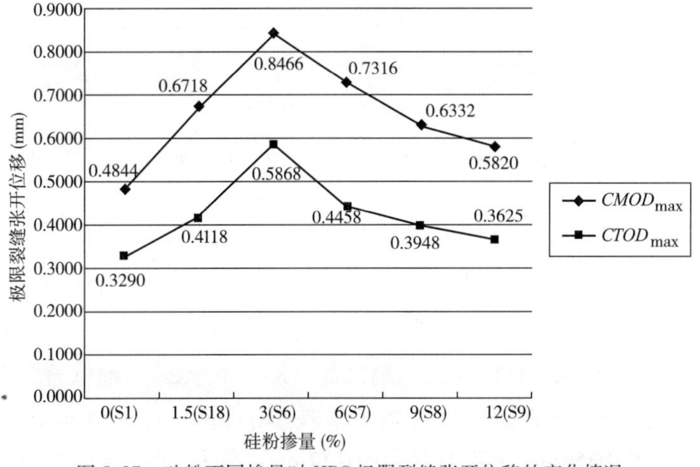

图5.27 硅粉不同掺量时 HPC 极限裂缝张开位移的变化情况

硅粉的加入，提高了混凝土的密实度和混凝土的强度，从而提高了混凝土抵抗微裂缝发展和扩展的能力。在硅粉小掺量时，这种有利作用比较明显。但是随着硅粉掺量继续增大，混凝土强度提高幅度较大，并且集料与水泥石的胶结强度提高很多，裂缝在发展中将贯穿相对薄弱的集料，降低了混凝土抵抗裂缝发展的能力，使硅粉混凝土的断裂性能降低。

图 5.28 为硅粉高性能混凝土荷载—裂缝嘴张开位移曲线，图 5.29 为荷载—裂缝尖端张开位移曲线。由图可以看出，硅粉的加入使曲线下降段更饱满，但是随着硅粉掺量的增大，曲线下降段逐渐变陡，且曲线的尾巴越来越短。

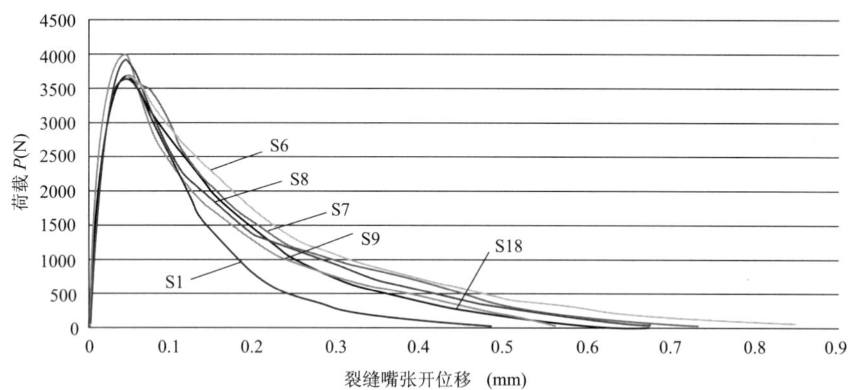

图 5.28 硅粉不同掺量时 HPC 的“*P-CMOD*”曲线比较

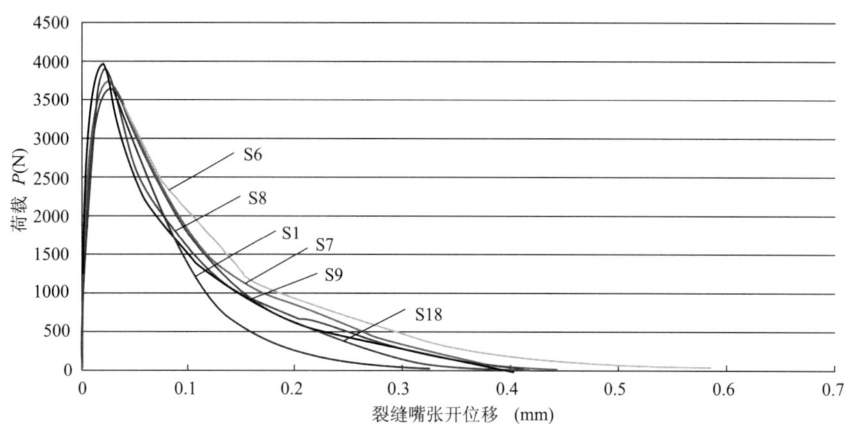

图 5.29 硅粉不同掺量时 HPC 的“*P-CTOD*”曲线比较

5.4.4 双掺硅粉和粉煤灰对 HPC 裂缝张开位移影响

为了研究同时掺加粉煤灰和硅粉的 HPC 的裂缝张开位移，以掺 15% 粉煤灰 HPC（配合比 S3）为基准，变化硅粉掺量，得到了硅粉不同掺量时粉煤灰 HPC 裂缝张开位移的变化情况。

由图 5.30 可知，双掺粉煤灰和硅粉的高性能混凝土临界裂缝嘴张开位移和临界裂缝尖端张开位移变化趋势一样，随着硅粉掺量增大呈减小的趋势，在 12% 硅粉和 15% 粉煤灰掺量时最小，$CMOD_c$ 为 0.0358mm，$CTOD_c$ 为 0.0137mm。四种硅粉掺量的粉煤灰高性能混凝土的临界裂缝嘴张开位移分别是配合比 S3 的 74.9%、70.5%、66.7%、62.8%，临界裂缝尖端张开位移分别是配合比 S3 的 58.4%、54.9%、47.0%、43.5%。由此可以看出，双掺粉煤灰和硅粉后，使得高性能混凝土的临界裂缝张开位移大幅度减小。硅粉和粉煤灰的加入，提高了混凝土的密实度，强度得到大幅度提高，裂缝贯穿混凝土中的集料，降低了混凝土抵抗裂缝发展的能力，使混凝土的断裂性能降低。由图 5.31 可知，双掺粉煤灰和硅粉高性能混凝土极限裂缝嘴张开位移和极限裂缝尖端张开位移变化趋势一样，随着硅粉掺量的增大而减小，在 12% 硅粉和 15% 粉煤灰掺量时最小，$CMOD_{max}$ 为 0.5556mm，$CTOD_{max}$ 为 0.3542mm。四种硅粉掺量粉煤灰高性能混凝土的极限裂缝嘴张开位移分别是配合比 S3 的 81.4%、72.0%、70.7%、63.5%，极限裂缝尖端张开位移分别是配合比 S3 的 80.3%、71.8%、71.5%、66.9%。硅粉和粉煤灰的加入降低了高性能混凝土的裂后行为，不能有效地阻止裂缝的发展，增大了混凝土的脆性。

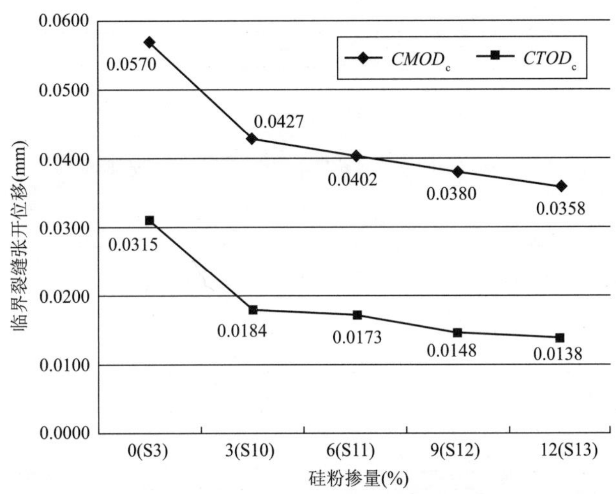

图 5.30　硅粉不同掺量时粉煤灰 HPC 临界裂缝张开位移的变化情况

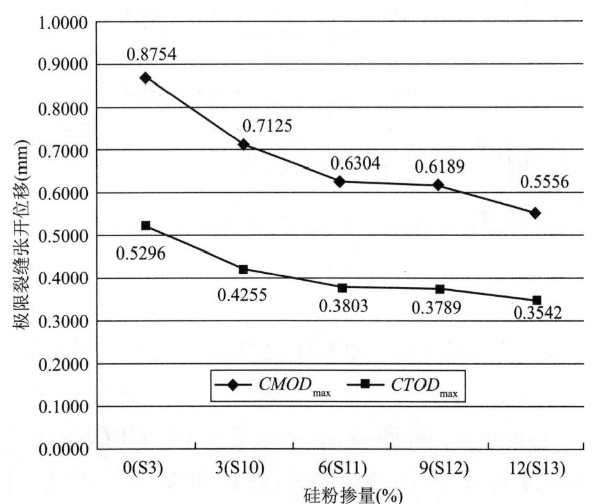

图 5.31　硅粉不同掺量时粉煤灰 HPC 极限裂缝张开位移的变化情况

图 5.32 为双掺粉煤灰和硅粉高性能混凝土荷载—裂缝嘴张开位移曲线，图 5.33 为荷载—裂缝尖端张开位移曲线，由图可以看出，硅粉的加入使粉煤灰 HPC 曲线下降段没有配合比 S3 的饱满，并且随着硅粉掺量的增大，曲线越陡，且曲线的尾巴越来越短。硅粉的加入降低了粉煤灰 HPC 抵抗裂缝发展的能力，降低了 HPC 的断裂性能，使混凝土脆性增大。

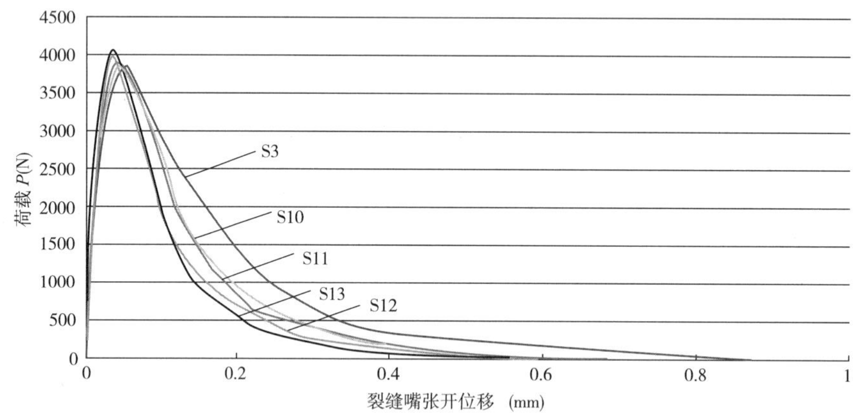

图 5.32 硅粉不同掺量时粉煤灰 HPC 的“*P-CMOD*”曲线比较

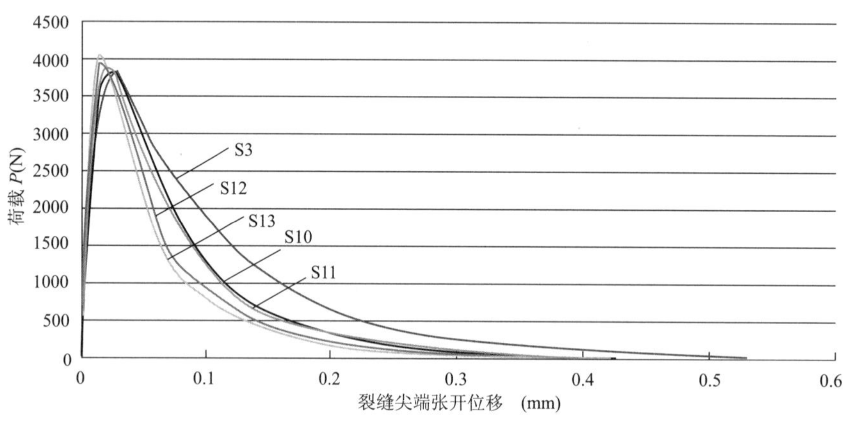

图 5.33 硅粉不同掺量时粉煤灰 HPC 的“*P-CTOD*”曲线比较

5.4.5 聚丙烯纤维对 HPC 裂缝张开位移影响

为了研究聚丙烯纤维对 HPC 裂缝张开位移的影响，以掺 15% 粉煤灰和 6% 硅粉掺量的 HPC(配合比 S11)为基准，变化聚丙烯纤维掺量，研究聚丙烯纤维对高性能混凝土裂缝张开位移的影响。

由图 5.34 可知，聚丙烯纤维的加入提高了高性能混凝土的临界裂缝张开位移。聚丙烯纤维高性能混凝土临界裂缝嘴张开位移和临界裂缝尖端张开位移变化趋势一样，随着纤维掺量增大而增大，在 1.1kg/m^3 纤维掺量时达到最大值，$CMOD_c$ 为 0.0534mm，$CTOD_c$ 为 0.0316mm。四种纤维掺量高性能混凝土的临界裂缝嘴张开位移分别是配合比 S11 的 112.7%、119.4%、124.4%、132.8%，临界裂缝尖端张开位移分别是配合比 S11 的 142.8%、

158.4%、168.2%、182.7%。由图5.35可知,纤维的加入提高了高性能混凝土的极限裂缝张开位移。聚丙烯纤维高性能混凝土极限裂缝嘴张开位移和极限裂缝尖端张开位移变化趋势一样,随着纤维掺量的增大而增大,在1.1kg/m^{3}纤维掺量掺量时达到最大值,$CMOD_{max}$为2.3832mm,$CTOD_{max}$为1.4074mm。四种纤维掺量高性能混凝土的极限裂缝嘴张开位移分别是配合比S11的173.2%、198.7%、294.4%、378.0%,极限裂缝尖端张开位移分别是配合比S11的180.7%、201.9%、298.4%、370.1%。由此可以看出,纤维的加入大大地提高了HPC的极限裂缝张开位移,大幅度地改善了HPC的裂后行为,增大了混凝土的延性。

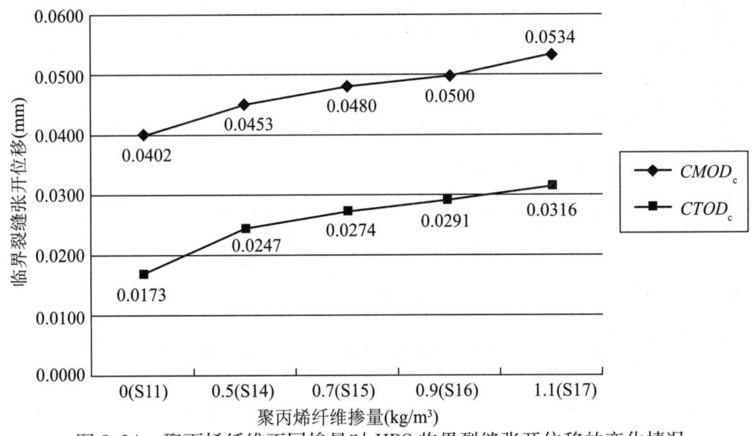

图5.34 聚丙烯纤维不同掺量时HPC临界裂缝张开位移的变化情况

在混凝土中加入聚丙烯纤维后,裂缝在扩展过程中遇到纤维,纤维在拔出过程中可以传递应力,该过程对裂缝尖端产生一个反向闭合应力,抑制裂缝进一步扩展。因此,纤维混凝土的裂缝张开位移由两部分组成,一部分是由外荷载引起的,另一部分是由纤维提供的闭合应力引起的。外荷载使裂缝张开位移增加,闭合应力使裂缝张开位移减小,两者的叠加构成聚丙烯纤维混凝土实际的裂缝张开位移。聚丙烯纤维的延展性较好,可随着裂缝的张开而逐渐伸长,在混凝土产生相对较大的裂缝后纤维仍然能够发挥桥接作用,使混凝土能继续承载一定的荷载,提高了聚丙烯混凝土的裂后行为。

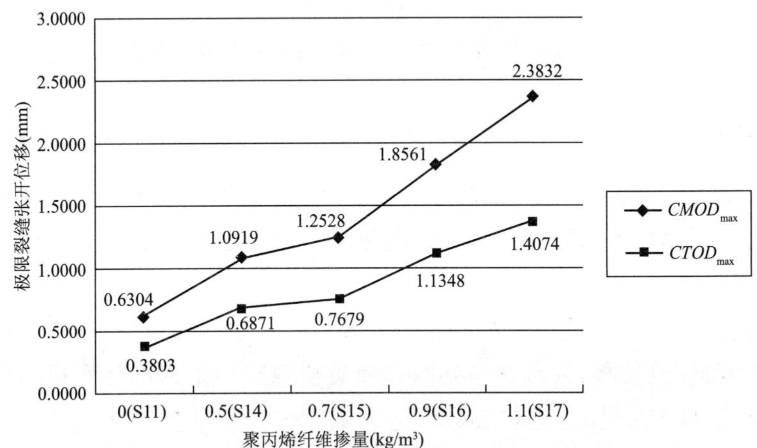

图5.35 聚丙烯纤维不同掺量时HPC极限裂缝张开位移的变化情况

图5.36为聚丙烯纤维高性能混凝土荷载—裂缝嘴张开位移曲线，图5.37为荷载—裂缝尖端张开位移曲线。由图可以看出，随着纤维掺量的增大，曲线逐渐趋于饱满，且曲线的尾巴越来越长，由此也可以看出纤维的加入提高了断裂性能。

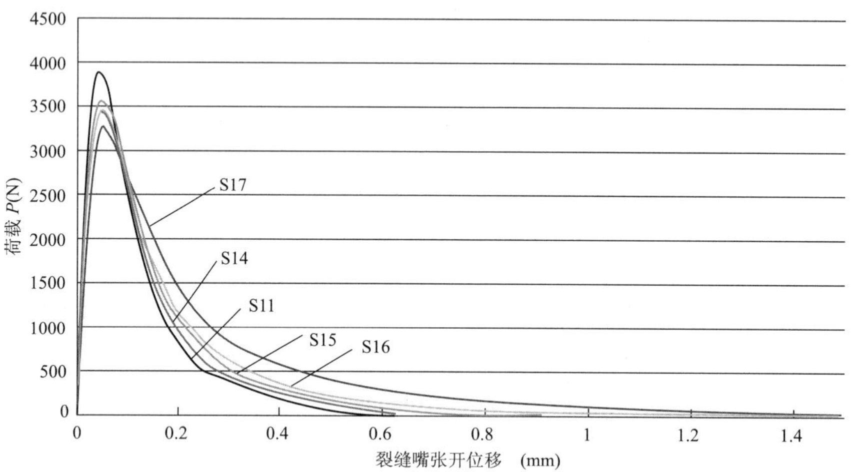

图5.36 聚丙烯纤维不同掺量时HPC的“P-CMOD”曲线比较

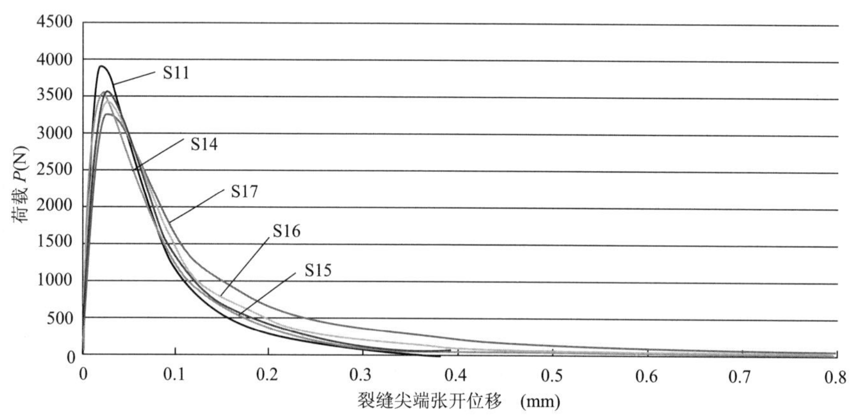

图5.37 聚丙烯纤维不同掺量时HPC的“P～CTOD”曲线比较

5.5 小结

本章通过对带切口梁三点弯曲试验，研究了粉煤灰、硅粉以及聚丙烯纤维对高性能混凝土有效裂缝长度、断裂韧度、断裂能、临界裂缝张开位移和极限裂缝张开位移的影响。得到以下主要结论：

(1)粉煤灰掺入，提高了高性能混凝土的有效裂缝长度、断裂韧度、断裂能、临界裂缝张开位移和极限裂缝张开位移，并且这些参数都随着粉煤灰掺量的增加呈现出先增加后减小的趋势，在粉煤灰20%掺量时，这些参数都达到最大值。粉煤灰的加入降低了混凝土的脆性，提高了抵抗裂缝发展的能力。

(2)硅粉的掺入,提高了高性能混凝土的有效裂缝长度、断裂韧度、断裂能、临界裂缝张开位移和极限裂缝张开位移,但是这些参数都随着硅粉掺量的增加而减小,在硅粉12%掺量时,这些参数都达到最小值,并且略微高出基准配合比S1。随着硅粉掺量的增大,将使混凝土脆性增大。试验结果表明:硅粉掺入高性能混凝土后,对混凝土的断裂性能有提升的作用,但是该作用随着硅粉掺量的增大将减小。

(3)硅粉掺入粉煤灰HPC后,降低了混凝土的有效裂缝长度、断裂韧度、断裂能、临界裂缝张开位移和极限裂缝张开位移,并且这些参数都随着硅粉掺量的增加而减小,在15%粉煤灰和12%硅粉掺量时,这些参数都达到最小值。硅粉和粉煤灰同时加入高性能混凝土后增大了混凝土的脆性,降低了混凝土抵抗裂缝发展的能力。

(4)聚丙烯纤维对HPC的破坏荷载有减小作用,但是对混凝土的有效裂缝长度、断裂韧度、断裂能、临界裂缝张开位移和极限裂缝张开位移都有提高作用,并且都随着聚丙烯掺量的增加而增大,在纤维1.1kg/m^3掺量时,这些参数都达到最大值。纤维对高性能混凝土的断裂韧度和临界裂缝张开位移提高幅度不大,但对断裂能和极限裂缝张开位移提高幅度较大,说明纤维加入混凝土后,对混凝土的阻裂作用主要发生在混凝土开裂后,大大改善了混凝土的裂后行为。

第6章　高性能混凝土耐久性试验研究

混凝土结构的耐久性是指混凝土结构在自然环境、材料内部因素及外部因素的作用下，在设计要求的目标使用期(设计基准期)内，不需要花费大量资金加固处理而保持其安全、使用功能和外观要求的能力。从某种意义上说，耐久性是保证在役建筑物寿命的一个决定性因素[135]。

混凝土结构耐久性病害首先是混凝土或钢筋材料物理化学性质及几何尺寸的变化，继而引起混凝土构件承载力衰减，最终会影响整个结构的安全和正常使用。因此，混凝土结构的耐久性应从材料、构件和结构三个层次上加以研究[136]。

高性能混凝土是用于恶劣环境中结构的混凝土材料，最重要的是要有较好的长期性能和耐久性。高性能混凝土的耐久性应当理解为用这种混凝土制成构件的长期性能。但需要明确的是，混凝土结构耐久性是基于材料耐久性的，结构物在自然环境和使用条件下，随着时间的推移，材料逐渐老化甚至损伤，是一个不可逆的过程[137]。因此，首先是混凝土材料的耐久性，其次才能谈到结构的耐久性。影响混凝土耐久性的因素很多，诸如配合比设计、施工过程控制、原材料选择、养护条件的好坏等。从材料破坏层次上，混凝土的耐久性包括混凝土的冻融、碳化、碱集料反应、渗透以及化学侵蚀等。怎样使普通混凝土高性能化，和普通混凝土的区别，是需要明确的问题。因此这个“高性能”体现的不一定是强度高，而必须是工作性能、力学性能、耐久性比普通混凝土有大幅改善，使用寿命长。这样才能体现出“高性能混凝土”的本质，更体现出“耐久性”作为首要指标来衡量高性能混凝土优劣的重要性。

6.1　高性能混凝土抗渗性试验研究

混凝土的渗透性是指液体、气体或离子等在不同压力下在混凝土内部渗透、扩散、迁移的难易程度。渗透是指液体在压力作用下的运动；扩散是指气体或液体中的粒子在化学势作用下的运动，迁移则指带电粒子在电场力作用下的运动[138]。

混凝土是个多孔结构，正是其固有的多孔性导致了混凝土的渗透性。影响混凝土耐久性的各种破坏过程，如冻融破坏、碳化破坏、氯离子侵蚀破坏等，虽然各个破坏机理不尽相同，但几乎都与混凝土的透水性、透气性有着密切关系。因此混凝土的抗渗性是决定其耐久性的一个重要因素，加深对混凝土渗透性能的认识，是提高混凝土结构耐久性和可靠性的重要基础。为了提高混凝土的抗渗能力，传统的方法大多采用增大水泥用量、减小水灰比等方法，这些方法确实行之有效，但却产生了其他一系列问题，如混凝土的水化热以及温升、干缩、微裂缝等问题。因此在条件允许的情况下，可考虑尽量采用加入矿物掺合料的方法来解决抗渗问题。

6.1.1 混凝土的渗透机理

由于混凝土是由水泥、砂、碎石和水等材料通过物理化学作用形成的一种复合材料。在搅拌、施工、养护过程中受客观因素的影响,不可避免地导致内部有微小孔隙。混凝土中的孔隙可以分为胶凝孔、毛细孔和非毛细孔,正是这种多孔性导致了混凝土的渗透。

胶凝孔是水泥水化时产生的封闭的极小的孔,孔径在0.5~2.5 nm,属于无害孔,可认为是不透水的,对混凝土的渗透性几乎没有影响。毛细孔是由硬化过程产生的,由于硬化过程中仅有一部分水参与水化,多余的水在混凝土硬化干燥后蒸发形成孔道。或是由于砂石沉降水分上升形成的沉降孔,这些孔道互相连通,呈网络状态,可由混凝土内部通往表面,水化剩余的水分越多,水散失后留下的毛细孔径就越粗,渗水的可能性就越大,因此是混凝土透水的主要原因。非毛细孔主要是指混凝土内部缺陷和微裂缝,主要是由于水泥石的收缩、温湿变化、混凝土内部水分蒸发、成型条件引起的,当这些微裂缝贯通时混凝土也会产生渗水,影响其渗透性[49]。因此引起混凝土渗透的主要原因就是由于混凝土中的开放式的毛细孔和微裂缝所致。但如果加以控制,可以减少非毛细孔的危害。

混凝土的耐久性不能说都是由于渗透性引起的,但很大程度上受外界侵蚀环境渗透的影响。有害液体或气体渗入混凝土内部后,将与混凝土组分发生一系列物理化学作用,如空气中的CO_2进入混凝土中,会引起碳化而造成钢筋锈蚀,水可以造成侵蚀产物在混凝土内外来回运输引起恶性循环,造成混凝土的破坏等。因此水在混凝土中的渗透速度,在某种程度上决定了混凝土的劣化速度。

6.1.2 影响混凝土抗渗性的因素

混凝土抗渗性能的影响因素很多,如水灰比、集料品种、混凝土浇筑质量、养护条件等。不同的因素可对混凝土的抗渗性造成不同程度的影响。

(1)混凝土水灰比

水灰比对混凝土的抗渗性影响最大,因为水灰比对硬化混凝土孔隙率的大小、数量起决定性作用,直接影响到混凝土结构的密实性。水灰比越大,水泥颗粒周围的水层就越大,而水泥完全水化及湿润砂石用水有限,多余的游离水会蒸发,会在混凝土内部留下大量孔隙,这些孔隙进而形成相互连通、无规则、开放性的毛细孔系统,导致混凝土透水性增高[139]。有资料表明[42],当混凝土水灰比过大,如大于0.55时,混凝土中的毛细孔半径明显增大,渗透性急剧增加。因而,在满足混凝土水化及工作性能的前提下,应尽量使水灰比减小,这样才能对抗渗性有利。

(2)水泥细度及品种

其他条件相同的情况下,不同的水泥细度和品种会对水泥石的孔结构产生很大影响。如果水泥含有粗颗粒多,水化后就会产生相应较大的胶凝孔和大毛细孔,有较高的渗透性。而细颗粒含量多的水泥,会产生较小的胶凝孔及微毛细孔,毛细孔体积大大减少,从而提高了水泥石的抗渗性。

(3)集料质量及级配

集料对混凝土的孔结构有一定影响,特别是粗集料影响会更大。石子最大粒径越大,混凝土的抗渗性就越差,因为随着石子粒径的增大,石子颗粒形成的孔隙也就越大,这种孔隙正是混凝土抵抗水流的薄弱环节。因而选择粗集料时,最大粒径要合理,要求组织细密、颗粒性齐、质地坚硬。另外,级配要优良,可采用不同粒径的大小石子的连续级配,以改善混凝土的和易性,提高密实度,提高抗渗性[140]。

(4)砂率

砂的主要作用是和水泥水化物一起构成水泥砂浆来填充粗集料之间的间隙,同时提高和易性。砂率对混凝土的抗渗性能也有影响,同样不宜过大或过小。砂率过大会使集料总表面积过大,空隙率增大,降低混凝土的流动性,造成施工振捣不密实,影响抗渗性;砂率过小则不能在粗集料的周围形成足够的砂浆层起到润滑和填充作用,也会降低混凝土的流动性,同时还会使混凝土黏聚性、保水性变差,从而导致混凝土抗渗性及强度降低。要求水泥砂浆除满足填充黏结作用外,还要求其在粗集料周围形成一定数量、质量良好的砂浆包裹层,从而提高混凝土的抗渗性[141]。

(5)施工质量及养护

施工质量及养护同样也是不可忽视的一步。施工过程中如严格控制配合比,正确计量各组分质量,搅拌均匀,同时振捣密实,可大大降低混凝土内部缺陷,提高混凝土密实性,提高抗渗性。养护的好坏是混凝土获得强度和抗渗性的必要条件。正确科学的养护可以使混凝土中大量毛细孔充满水,使水泥进一步水化,使晶态及胶态水化物增多,孔隙率减少,其抗渗性能明显提高。

以上为影响混凝土抗渗性能的一些主要因素,实际工程中可根据具体情况有针对性地采取措施,同时还要注意采用某一措施时对混凝土其他性能的影响,比如混凝土的工作性、强度、大体积混凝土的温控等。不能顾此失彼,为了单纯提高抗渗性而忽略其他。

6.1.3 混凝土渗透性试验方法

混凝土渗透性试验方法较多,有的方法还在不断改进中,大致分为两大类,即水压力法和氯离子渗透法。

第一类是通过对受检混凝土施加压力水的方式来进行,使压力水在混凝土中迁移,通过不同混凝土中的迁移差异来描述混凝土的抗渗性能,又分为测定抗渗等级或测定渗水高度的评价方法[50]。该类方法是将混凝土成型为上下口直径分别为 175mm 和 185mm,高度为 150mm 的圆锥台或上下直径与高度都为 150mm 的圆柱体,试验前将试件侧面密封完全,压入试模中,放到试验台上固定好之后开始加压。规定初始压力为 0.1 MPa,每隔 8h 增加 0.1MPa,直到六个试件中有三个试件表面发现渗水,试验结束。此时通过结束时的水压力来确定混凝土的抗渗等级;或是确定一定压力和时间后混凝土内的渗水高度来相对评价不同混凝土配合比之间的抗渗性能好坏。

第二类是氯离子渗透法[49],即后来被美国的 ASTM C 1202 标准所采用的直流电量法。该方法是将 ϕ100mm×50mm 混凝土试件在真空下浸水饱和后,侧面密封安装到试验箱中,两端安置铜网电极,一端浸入 0.3 mol 的 NaOH 溶液(正极),另一端浸入 3% 的 NaCl 溶液(负极),量测在 60V 电压下通电 6h 通过的电量,用以评价混凝土的渗透性。在此基础上,氯离子渗透法被不断改进,但都各有利弊,尚没有形成统一的完善的方法。

几种试验方法各有优缺点,压力水的方法较烦琐、耗时、不好密封;氯离子渗透方法受电压、材料导电性能的影响,干扰因素多,相对适合不掺混合料的混凝土。试验人员可根据实际需要及自身条件来选定合适的试验方法进行渗透性测试和评价,同时各试验方法还都需要不断的改进和完善。

水渗透是最基本的一种渗透形式,混凝土中的大部分破坏都是以水为载体并伴以一定程度的湿度为条件的。本试验由于配合比较多,试验量较大,为了比较不同配合比之间的渗透性大小,采用文献[50]中的"水泥混凝土渗水高度试验方法",对17组配合比进行试验。试块采用上口直径175 mm,下口直径185mm,高150mm的锥台形状。达到养护龄期后,用钢丝刷刷净两端面,并在侧面涂上密封材料后压入抗渗试模中进行试验。待试验结束后,劈开试件测量其渗水高度,以此来比较各组混凝土的抗渗性的好坏。

6.1.4　试验仪器及设备

(1)水泥混凝土渗透仪及配套试模。

(2)螺旋加压器。

(3)钢丝刷、烘箱、批灰铲、扳手、钢尺、记号笔等工具。

(4)配置好的密封材料。本试验采用黄油加水泥密封方法,黄油∶水泥=1∶3,并拌和均匀使其黏稠度适中,便于涂抹密封。

6.1.5　试验步骤

(1)试件按照规范浇筑成型,试件尺寸上口直径175 mm,下口直径185 mm,高150mm的锥台形状,每个配合比6块,17组共计102块。

(2)试件成型24h拆模,并用钢丝刷刷净上下端面水泥浆膜,使混凝土内集料清晰可见即可,然后放入标准养护室养护。如图6.1和图6.2所示。

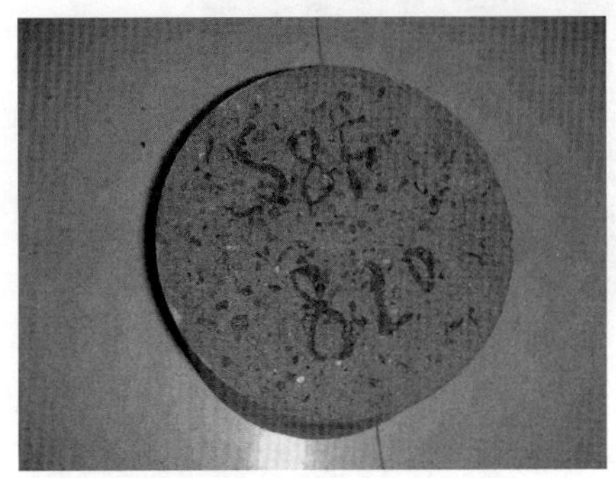

图6.1　混凝土试件上表面处理后

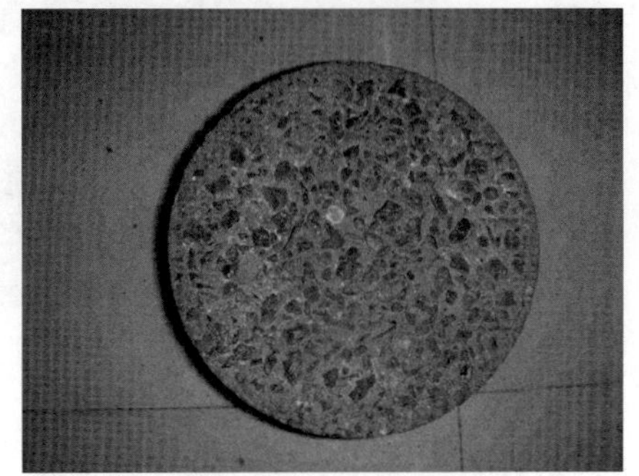

图6.2　混凝土试件下表面处理后

(3)养护龄期不少于28d,本试验采用60d龄期。待到达龄期后取出,擦干表面,把密封材料均匀涂于试件侧面,涂抹过程中要使密封材料厚度均匀、致密,如图6.3所示。之后用螺旋加压器压入试模中,使试件底面和试模底平齐。

(4)将仪器蓄水罐灌满水,首先打开0号阀门,直到铜管水流成线后关闭0号阀门,目的是排净其中气泡。并将六个阀门分别轻微打开,使每个试模底座中的输水管道冒出清水,把系统内的空气排净。

(5)把装封好试件的试模可靠地安装固定在仪器上,打开电源,设定好仪表数据(本试验水压控制恒定为3.5 MPa ± 0.05 MPa),如图6.4所示,同时开始记录时间(精确至min),待48h后停止试验,取出试件。

图6.3 密封材料的涂抹

图6.4 混凝土抗渗试验

(6)将渗透后的试件放在压力机上,沿纵断面将试件劈裂成两半,放置阳光下待看清水痕后,用记号笔描出水痕即为渗水轮廓,如图6.5所示。

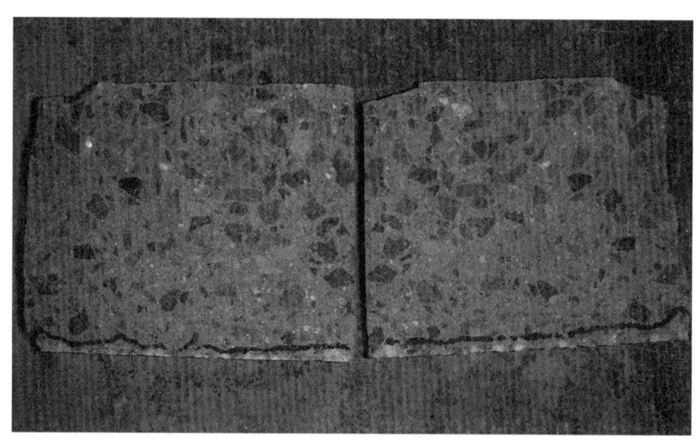

图6.5 试件渗水高度标记

(7)在试件劈裂面上,沿底面每隔1cm定出一个测点,用钢尺测量出各点的渗水高度(精确至1 mm)。

(8)以各测点处渗水高度的算术平均值作为该试件的渗水高度,然后计算六个试件的渗水高度算术平均值作为该组试件的平均渗水高度。根据试验所得数据,相对比较各配合比混凝土的渗透性。

6.1.6　试验结果分析

为了比较各组不同配合比混凝土渗透性能的大小，对17组配合比统一进行渗透性试验，鉴于加压设备和试验时间的限制，抗渗压力采用3.5 MPa恒压48h。试验结果见表6.1。

各组混凝土渗水高度　　表6.1

编号	水胶比	FA掺量（%）	SF掺量（%）	纤维掺量（kg/m^3）	渗透压力（MPa）	加压时间（h）	渗水高度（mm）
S1	0.32	0	0	0	3.5	48	19.9
S2	0.32	10	0	0	3.5	48	18.4
S3	0.32	15	0	0	3.5	48	17.9
S4	0.32	20	0	0	3.5	48	17.1
S5	0.32	25	0	0	3.5	48	13.2
S6	0.32	0	3	0	3.5	48	12.1
S7	0.32	0	6	0	3.5	48	11.7
S8	0.32	0	9	0	3.5	48	9.9
S9	0.32	0	12	0	3.5	48	7.3
S10	0.32	15	3	0	3.5	48	11.3
S11	0.32	15	6	0	3.5	48	8.7
S12	0.32	15	9	0	3.5	48	8.1
S13	0.32	15	12	0	3.5	48	6.8
S14	0.32	15	6	0.5	3.5	48	8.5
S15	0.32	15	6	0.7	3.5	48	8.1
S16	0.32	15	6	0.9	3.5	48	7.6
S17	0.32	15	6	1.1	3.5	48	7.2

(1)粉煤灰HPC试验结果(图6.6)

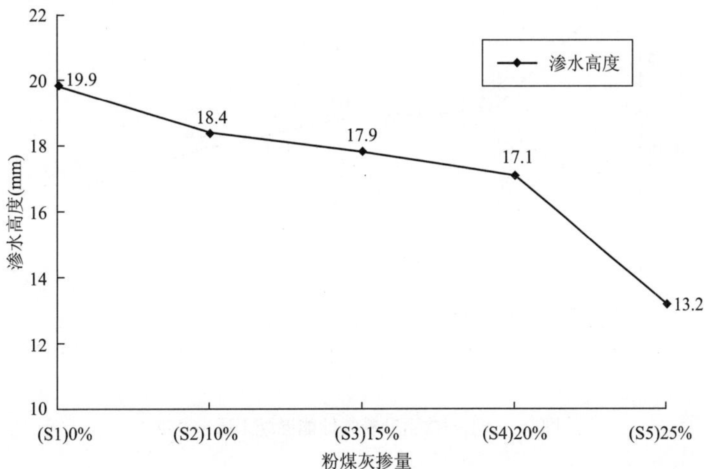

图6.6　不同掺量粉煤灰高性能混凝土渗水高度

由图 6.6 中可以看出，粉煤灰掺量为 10%、15%、20%、25% 的 S2 ~ S5 各组混凝土渗水高度均小于基准混凝土 S1；且在 25% 掺量范围内，随着粉煤灰掺量增大渗水高度逐渐减小，减小量分别为 7.5%、10.1%、14.1%、33.7%。因此粉煤灰取代部分水泥，可一定程度地提高混凝土的抗渗性。

粉煤灰可以降低混凝土的渗透性，主要是由粉煤灰自身的特性和其在混凝土中的各种作用效应决定的。首先，由于粒径较水泥小，且含有 70% 以上主要成分为 SiO_2、Al_2O_3、Fe_2O_3 的玻璃微珠，电镜扫描下这些玻璃体颗粒完整、表面光滑致密，掺入混凝土中在水泥颗粒之间起到一定的润滑作用，同等条件下提高拌和物流动性，有利于降低泌水和分层，并能促进初期水泥水化[142]。其次，粉煤灰中的 SiO_2 和 Al_2O_3 能与水泥水化过程中析出的 $Ca(OH)_2$ 进行“二次反应”，在表面生成具有胶凝性能的 C - S - H，即水化铝酸钙、水化硅酸钙等。这些生成物强度高、致密性好，分布在水泥石中，既能填充水泥石中的微孔、提高硬化混凝土的致密性、堵塞开放性的毛细孔，又能增大水泥石同粗细集料界面的黏结力，从而提高混凝土的抗渗性[143]。另外，混凝土中掺入粉煤灰取代部分水泥或部分砂，由于粉煤灰粒径较水泥小，填充于水泥颗粒中，改善了原材料的粒径组合，也减少混凝土的微孔隙，提高混凝土结构的密实性，从而改善混凝土的渗透性。

粉煤灰的这些形态效应、活性效应、微集料效应共同作用，改善了混凝土内部结构，对抗渗性有所提高。但由于其活性较低，参与水化反应较晚，只能待混凝土中的 $Ca(OH)_2$ 等碱性物质增多到一定程度才进行，因此粉煤灰的火山灰效应是个长期过程，随着龄期的增长这些效应会形成良性循环，大大切断混凝土中渗水通道，使混凝土内部更加致密，抗渗性提高。本试验中混凝土龄期只到 60d，如果龄期更长，粉煤灰 HPC 抗渗性会继续有所提高。

(2) 硅粉 HPC 渗透性结果(图 6.7)

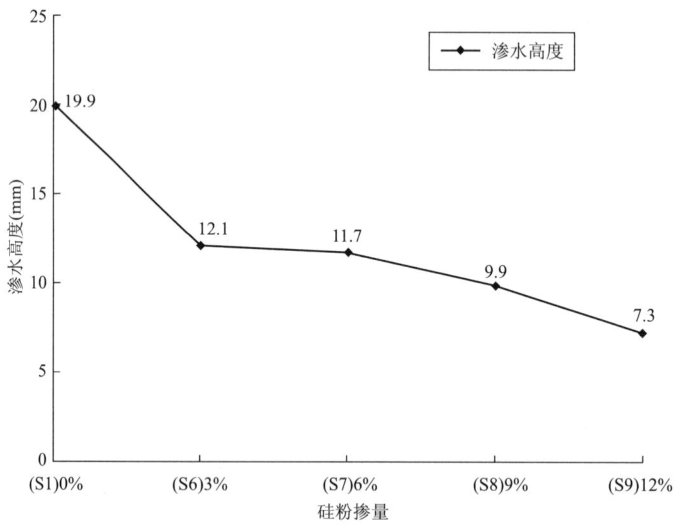

图 6.7　不同掺量硅粉高性能混凝土渗水高度

从表 6.1 和图 6.7 中可以看出，掺量 3% ~ 12% 的硅粉 HPC 渗水高度都大幅小于基准混凝土；试验掺量范围内，渗水高度随着硅粉掺量的增加而减小，分别比基准混凝土 S1 降低了 39.2%、41.2%、50.3%、63.3%；同时可以发现，曲线斜率越来越大，表明随着硅粉掺量的增大，降幅越来越大。相比之下，掺入少量的硅粉就能达到显著的抗渗效果，硅粉对提高混凝土抗渗性能比粉煤灰更加有效。

硅粉对混凝土抗渗性能的提高主要取决于其良好的微填充效应和极强的火山灰效应。

①由于硅粉颗粒比粉煤灰更加细小，粒径不到 1 μm[144]，当它被减水剂高度分散后，充填了通常为水分子所占据的水泥颗粒间和胶凝产物间的空隙，使胶凝材料颗粒堆积更密实、分布更均匀，因而总体上使得水泥浆体的孔径变小，粗孔、大孔和连通孔隙减少，超细微孔隙增加，大大降低了混凝土孔隙率，改善了孔隙特征，提高孔的曲折度，有效地延长了毛细孔通道，阻断了可能形成的渗透通道，从而提高了硅粉高性能混凝土抗渗性能。

②火山灰效应，硅粉的化学成分主要为含量在90%以上的 SiO_2，属于化学活性高的非晶质不定型结构[145]。掺入混凝土中，水化初期就能迅速与水泥水化产物 $Ca(OH)_2$ 作用，生成次生的高强度 C－S－H 凝胶，并使之分布得更均匀、堵塞毛细管通道，也使大孔和连通孔减少、水泥浆体更加密实，同时提高界面结构密实度、增强界面黏结性和减小过渡区的厚度[146]，对提高混凝土抗渗性大为有利。

硅粉的这种微填充效应和高火山灰效应要远优于粉煤灰，因此其在较小的掺量下就能达到比粉煤灰较大掺量更好的抗渗效果，说明硅粉对提高混凝土抗渗更加有利。本研究只做了一个龄期的试验，无法纵向比较不同龄期下混凝土抗渗性的好坏，Detwiler 等研究证明[147]，随着时间的延长，硅粉混凝土的渗透性能大幅度降低。

(3)双掺粉煤灰、硅粉 HPC 渗水高度(图 6.8)

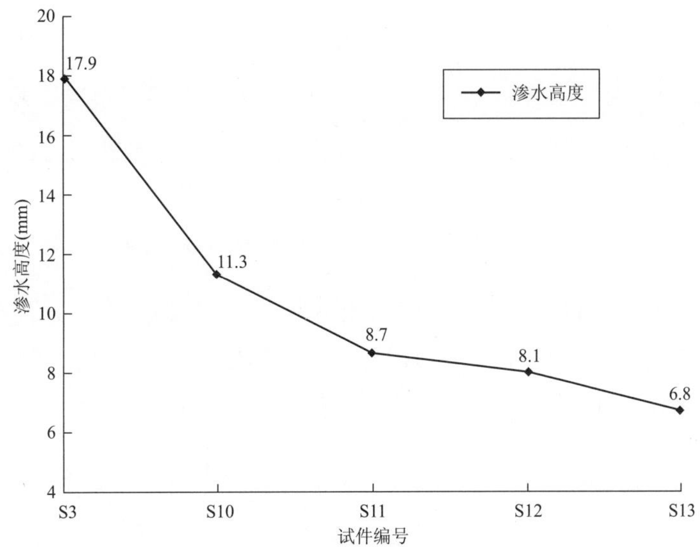

图 6.8　双掺粉煤灰、硅粉高性能混凝土各组渗水高度

从图 6.8 可以看出，在粉煤灰固定掺量为 15% 的情况下，复掺硅粉掺量 3% ～12% 的混

凝土中，混凝土渗水高度随着硅粉掺量的增大而逐渐减少，分别减小了 36.9%、51.4%、54.7%、62.0%，表明抗渗性能好于单掺 15% 粉煤灰(S3)的混凝土；与基准混凝土 S1 相比，渗水高度下降更多。因此双掺粉煤灰和硅粉对混凝土的抗渗性提高非常显著。

混凝土从组成上来说是个复杂的多相体系，极难达到组分的均匀和各组成材料的紧密堆积。在混凝土体系中，水泥粒径较小，可填充于粗集料与细集料形成混凝土的骨架孔隙中；粉煤灰填充在水泥颗粒形成的空隙中；适量更小的硅粉粒子可以进一步填充于粉煤灰的间隙，构成更合理的微颗粒级配，使孔隙率显著降低[148]。其次，在水泥水化初期，硅粉能参与水化反应生成更多的水化物，降低孔隙率增加致密性；另一方面，随着二次水化反应的进行，粉煤灰活性被激发参加水化反应有利于后期的抗渗性提高。可以肯定，随着时间增加，粉煤灰的活性逐渐发挥，混凝土的抗渗性能还会不断提高。

因此，复合掺入矿物掺合料，不仅能更密实的填充水泥粒子之间和水泥石—集料界面之间的空隙，有利于形成低孔隙率的硬化体，更能通过相互激发及形态效应的补充，充分体现“复合超叠加效应”。

(4)聚丙烯纤维 HPC 渗水高度变化(图 6.9)

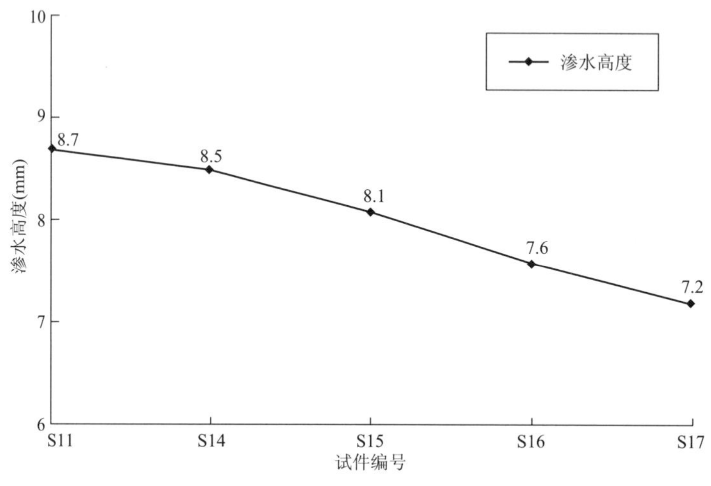

图 6.9　不同掺量聚丙烯纤维高性能混凝土渗水高度

图 6.9 中显示了在 S11(双掺 15% 粉煤灰和 6% 硅粉)的基础上，加入聚丙烯纤维后对混凝土渗透性的影响规律。可以看出，在 1.1kg/m^3 范围内，随着掺量增大混凝土渗水高度逐渐降低。由此可见，纤维的加入有利于混凝土抗渗水能力的提高，且在一定掺量范围内随着掺量的增大，混凝土的抗渗性能增强。

纤维与矿物掺合料的抑制机理不同，纤维的加入是以纯物理的方式发挥作用，本身的化学性质不会变化，也不会介入到混凝土其他组分之间的化学反应中去。在混凝土中掺入适量聚丙烯纤维后，均匀分布在混凝土中彼此相粘连的大量纤维形成网格结构起了“承托”集料的作用，降低了混凝土表面泌水和集料的沉降倾向，提高了整体均匀性，并阻断混凝土内的毛细孔道[149]。此外，聚丙烯纤维的“阻裂”效应，降低了混凝土中原生裂缝、连通裂缝的产生概率,减少了渗水通道,在一定程度上提高了混凝土的抗渗性能[143]。

6.2 高性能混凝土抗冻融试验研究

混凝土由于其多孔性,在低温时内部细孔中的水分受到冻结产生膨胀压力,剩余未冻结水分被挤压到附近的孔隙和毛细管中,在此过程中产生液体压力,伴随着结冰水的膨胀压力使混凝土被破坏,即使温度回升,破坏也不可恢复,这种现象称为混凝土的冻害,通常称之为冻融破坏。抗冻性是指混凝土在水饱和的状态下能经受多次冻融循环作用而不被破坏的性能[137]。

混凝土的冻融破坏一般发生在比较寒冷的地区或与水经常接触的地方,如港口码头、防波堤、桥梁立柱等。在我国的东北、华北、西北地区,混凝土冻融破坏现象较为严重,几乎所有的混凝土构筑物都遭受不同程度的冻融破坏[137]。不仅如此,据调查,在长江流域及黄河流域,混凝土结构物的冻融破坏现象也广泛存在。因为冻融破坏是在干湿、冷热交替过程中进行的,只要满足其作用环境和必要条件,冻融破坏就有可能发生,从而导致混凝土膨胀、表层剥落、崩裂等劣化现象的发生。抗冻性可间接反映混凝土抵抗环境水浸入和抵抗冰压力的能力,因此,抗冻性是混凝土耐久性的一项重要指标。

6.2.1 混凝土冻融破坏的机理

冻融破坏是引起混凝土劣化的重要原因之一,早在20世纪30年代,就有学者关注混凝土冻融破坏问题,并做了大量的试验及研究工作。目前较有影响的是美国混凝土专家Powers提出的净水压力假说,及随后与其同事共同提出的渗透压假说和加拿大G. G. Litvan的补充理论。几种理论结合起来,能较为合理地解释混凝土冻融破坏的机理,为混凝土抗冻性研究提供理论基础。

(1)静水压力假说

Powers提出的静水压理论学说主要由以下几个要点组成[137]:

①混凝土中的空隙有胶凝孔、毛细孔、空气泡等。胶凝孔孔径最小,为15~100埃;毛细孔稍大,为0.01~10 μm,而且相互连通,易处于饱和。空气泡是混凝土搅拌振捣过程中自然吸入或掺引气剂引入的封闭球状体。由于孔径大小不同,空隙表面张力不同,不同孔径内的水冰点也不同。孔径越小孔内水蒸气压越小,冰点越低。一般认为,胶凝孔在-78 ℃以下才会结冰;而毛细孔在环境温度降低到-1~-1.9℃时,便由大孔开始结冰,逐渐扩展到细孔。当温度在-12℃时,对混凝土抗冻性不利的毛细孔都能结冰。

②冻结时,负温度从构件四周侵入,冻冰首先在混凝土四周表面形成,将混凝土构件封闭起来。

③由于表层毛细孔中由大孔开始结冰,体积膨胀,压迫未冻结的水分通过毛细孔压入饱和度较小的内部。

④随着温度的不断降低,冰体积不断增大,继续压迫未冻结水,于是毛细孔内产生越来越大的压力,水泥石内毛细孔相应产生拉应力。

⑤当水压力达到一定程度,混凝土内部拉应力过高,超过抗拉极限强度时,毛细孔会遭

到破裂,混凝土内部产生损伤。

⑥当毛细孔破裂积累到一定程度,混凝土内部损伤严重,产生微裂纹而使得构件破坏。

(2)渗透压理论

静水压力学说较为合理地解释了混凝土冻融过程中的很多现象,但随着研究的深入,有另外一些重要现象,如混凝土除了会被水的冻结破坏,还会被一些冰冻过程中体积并不膨胀的有机液体冰冻破坏、非引气浆体当温度保持不变时也会出现连续膨胀导致混凝土破坏等并不能成功地被解释[137]。同时,Powers 在自己的试验中发现,水泥浆体中的水在冻结时并不是向外排出,而是向着冷源移动。因此,他和他的同事 Helmuth 又对混凝土的冻融破坏机理提出了渗透压理论。

渗透压理论认为[137]:

①在负温条件下时,大孔及毛细孔中的水分首先有部分冻结成冰,由于在溶液中的水从中冻结,使得溶液的盐浓度变大,从而在毛细孔与凝胶孔内溶液之间存在着浓度差。这个浓度差使得小孔中的溶液向已部分结冰的大孔中迁移。

②胶凝孔中的水虽未结冰,但处于过冷状态,其蒸汽压高于同温度下毛细孔中冰的蒸汽压,从而引起从胶凝孔向毛细孔的扩散作用,导致小孔中的溶液也要向已结冰的毛细孔或大孔中迁移。

这两种因素导致小孔或胶凝孔中的溶液向大孔或毛细孔中冰的界面处渗透,形成渗透压。因此渗透压是由孔溶液中的盐浓度差和冰水饱和蒸汽压差共同形成的[137]。

(3)Litvan 的补充理论

加拿大的 Litvan 通过研究,于 1972 年提出关于混凝土受冻破坏的理论。他认为[150],凡是被吸附在多孔固体表面上或包含其中的水(如混凝土中多种形式的水),如果不经过重分布就不会冻结;之所以不能冻结是由于表面力的作用,阻止被吸附液体达到形成结晶时所需要的排列秩序。但是混凝土经受负温,外层先结冰,于是内部这些水的蒸汽压与已形成的冰有差别,能够迁移到易于结冰的地方,例如较大的孔隙或外表面,并积聚在裂隙中。如果冻融循环中积聚在裂隙中的水不能归还原位,它们将导致裂隙扩大。

6.2.2 影响混凝土抗冻性的因素

混凝土的抗冻性与多方面的因素有关,如内部孔结构、平均气泡间距、水饱和程度、水灰比、含气量等。

(1)水灰比

水灰比是混凝土配合比中最为重要的参数,因为其变化可以影响到混凝土的一系列性能的改变。就抗冻性来说,水灰比变化,直接影响到混凝土的孔结构、可冻水含量、平均气泡间距,从而影响到混凝土的抗冻性。

经大量研究表明[8]:水灰比越大,混凝土抵抗冻融的能力就越差。因为水灰比越大,混凝土中孔隙率就越大,大孔数量多,可冻孔也就越多,混凝土中可冻水的含量也多,混凝土结冰速度越快,而水灰比小的混凝土除去水化结合水和胶凝孔不冻水外,混凝土中的可冻水含量很少,因此抗冻性较高;此外,水灰比越大,强度越低,抵抗冻融的能力就越差。水灰比大的混凝土中不仅饱和水的开孔总体积增加,毛细孔孔径也有所增大,且形成了连通的毛细孔体系,在冻融过程中产生的冰涨压力和渗透压力就越大,因而混凝土的抗冻性必然降低。

因此国内外规范对抗冻性要求较高的混凝土结构都规定了最大水灰比允许值,如我国的《水运工程混凝土施工规范》(JTS 202—2011)[151]规定在 0.45 ~ 0.55;《混凝土结构设计规范》(GB 50010—2002)[152]规定在 0.5 ~ 0.6。

(2)平均气泡间距和含气量

通过冻融破坏机理的分析和大量试验研究证明,平均气泡间距是影响混凝土抗冻性的主要因素,而影响平均气泡间距的主要因素是混凝土中的含气量。

混凝土中存在着除了胶凝孔、毛细孔外的第三类孔隙,即微气泡。这些气泡在混凝土中独立存在,密闭不与毛细孔连通,孔径在 25 ~ 500μm,不易吸水饱和。空气泡的存在可以使受压迫的孔隙水、毛细水就近排入其中,为孔隙水提供了“卸压空间”,从而减小静水压力,使混凝土的抗冻性大大提高。同时,这些气泡的间距是混凝土抗冻性的一个重要指标。存在一个气泡间隔系数 L,当混凝土的平均气泡间距小于某临界值时,毛细孔的静水压力和渗透压力不会超过混凝土的抗拉强度,其抗冻性较好,否则其抗冻性较差。关于平均气泡间距的临界值,存在着较大争议,Powers 测定极限平均间隔系数为 250 ~ 400μm,美国混凝土学会取值 250μm[137]。尽管没有统一定论,但平均气泡间隔系数作为混凝土抗冻性的重要参数却已经得到了公认。即认为平均气泡间距越大,则冻融过程中毛细孔中的静水压和渗透压越大,混凝土的抗冻性越差。掺引气剂是改善水泥石内部孔隙结构的十分有效的措施,掺引气剂使混凝土内产生足量的、均匀稳定的、相互不通的微小气泡,这些气泡隔离了外界水分的侵入,切断了混凝土内部孔隙之间的联系,成为一种水分结冰膨胀时特殊的“缓冲体”[153]。

而含气量直接影响着混凝土平均气泡间距,一定范围内,含气量越多,抗冻性越好。因为气泡越多,平均气泡间距就越小,毛细孔中的静水压和渗透压就越小,抗冻性就越好。

(3)混凝土饱水状态

混凝土的抗冻性与其孔隙水的饱和度紧密相关。一般认为[42],混凝土与水接触时,吸水的顺序是毛细孔、小气泡、大气泡。吸水过程中,平均气泡间隔系数 L 逐渐增大,达到极限平均气泡间隔系数时相对应的水饱和度。混凝土中的水饱和度小于临界水饱和度 S 时,不会发生冻害,当超过临界值时将迅速破坏。或一般情况下认为含水率小于孔隙总体积的 91.7% 就不会产生冻结膨胀压力。混凝土的饱水状态与混凝土结构部位所处自然环境有关,在大气中的混凝土含水率均达不到该极限值,而处于潮湿环境下的混凝土含水率比极限值大得多。因此在水位变化区,或者处于干湿交替变化的条件下,混凝土冻融破坏极易发生。

(4)强度

当静水压力和渗透压力超过混凝土的抗拉极限强度时,混凝土即被破坏。因此,混凝土的强度对抗冻性也有影响。同等条件下,如相同的含气量或气泡间距,强度高的混凝土抗冻性要高于低强度的混凝土。

(5)外加剂及掺合料

减水剂、引气剂及引气减水剂等外加剂均能不同程度的提高混凝土抗冻性。

引气剂能增加混凝土的含气量,使气泡均匀及间距变小,从而减小毛细孔中的静水压和渗透压,达到提高混凝土抗冻性的效果。但含气量超过一定范围时,混凝土的抗冻性开始降低,因为含气量的增加虽然能降低平均气泡间距,但同时也降低了混凝土的强度,经测定,混凝土含气量每增加1%,抗压强度下降3% ~5%。因此相关规范中都对混凝土中的含气量一般有个最佳范围,为5% ~6%。

减水剂及带引气功能的减水剂能降低混凝土的水灰比,从而减少孔隙率,提高混凝土的抗冻性。

矿物掺合料,如粉煤灰、硅粉都可使混凝土的抗冻性得到改善,但取决于矿物外加剂的品质和合理掺量,目前尚无统一定论。

(6)集料、水泥品种等其他因素

混凝土中集料对混凝土抗冻性的影响主要体现在集料的吸水率、集料质量、集料尺寸大小上。集料吸水率大,则易在集料—水泥浆界面处产生较大的静水压力,对抗冻不利。集料的质量,如集料的坚固性、风化程度、含泥量、杂质含量等对混凝土抗冻性都有一定影响。一般的碎石及卵石都能满足混凝土抗冻性要求,只有风化岩等坚固性差的集料才会影响混凝土的抗冻性。

水泥对混凝土抗冻性的影响体现在水泥的品种和活性上。水泥的活性越高,抗冻性就越高;水泥品种对混凝土抗冻性有一定的影响,且随着水泥中混合材料掺入量的增加,抗冻性降低,同样是因为水泥中混合材料掺入量高,水泥活性就低,对抗冻有所不利。国内各种水泥抗冻性高低的顺序:硅酸盐水泥 > 普通硅酸盐水泥 > 矿渣硅酸盐水泥 > 火山灰(粉煤灰)硅酸盐水泥。

6.2.3 混凝土冻融试验方法

混凝土冻融循环的试验室测试方法,国际上具有代表性的有两种,一种是快冻法,一种是慢冻法。

(1)ASTM 快速冻融法

混凝土快速冻融试验方法最先由美国 ASTM(美国材料与试验协会)提出,我国水工及港工试验规程也引入了这种方法。ASTM 法有两种,一为快速冰冻水融法,混凝土在水中冻结和融化;二为快速气动水融法,混凝土在冷冻室的空气中冻结,然后移至水池中融化。如无其他限制,每个试件应连续进行300次冻融循环终止;若在300次循环前混凝土的相对动弹性模量降到初始值的60%或质量损失达5%时,试验即终止。此方法可用混凝土耐久性系数来表征混凝土的抗冻性,即:

$$K_n = P \times \frac{N}{100} \tag{6.1}$$

式中:K_n——混凝土耐久性系数;

N——试验终止时的循环次数;

P——经 N 次冻融循环后试件的相对动弹性模量。

一般认为 K_n 值小于0.4时混凝土的抗冻性不好;$K_n = 0.4 \sim 0.6$ 时属尚可用,$K_n > 0.6$

时则认为抗冻性好。

(2)慢冻法

慢冻法用得较多的是苏联和东欧一些国家。以苏联FOCT为代表，该方法是将试件标准养护28d，并规定在达到龄期前4d将冻融试件投入20℃左右的水中浸泡，对比试件仍在标准养护室养护。慢冻法模拟的实际环境，使混凝土在空气中结冰，一个循环为8h，冻、融各半，强度损失率不超过25%或失重率不超过5%时的循环次数为抗冻标号。但慢冻法有其不可避免的缺点，如试验周期长、工作量大、试验误差大等，因此各行业规范逐渐取消慢冻法，推广快冻法。

本试验依据《公路工程水泥及水泥混凝土试验规程》(JTG E30—2005)[50]，对编号为S1~S17的17组不同配合比混凝土试件进行了抗冻性试验。采用快速冻融试验机测定混凝土的抗冻性能，一次冻融循环历时2~5h，其中融化时间不小于整个冻融时间的1/4。在冻结和融化终了时，试件中心温度应分别控制在-18℃±2℃和5℃±2℃，试件内外温差不宜超过28℃，冻和融之间转换试件不超过10min。

6.2.4　试验设备

(1)混凝土快速冻融试验设备(CDR-2型)，见图6.10。

(2)DT-9W型动弹性模量测定仪；频率测量范围100Hz~20kHz，见图6.11。

图6.10　混凝土快速冻融试验机

图6.11　动弹性模量测定仪

(3)台秤：量程15 kg，感量5g，见图6.12。

(4)橡胶板试件盒，净截面尺寸为110mm×110mm，高500mm，见图6.13。

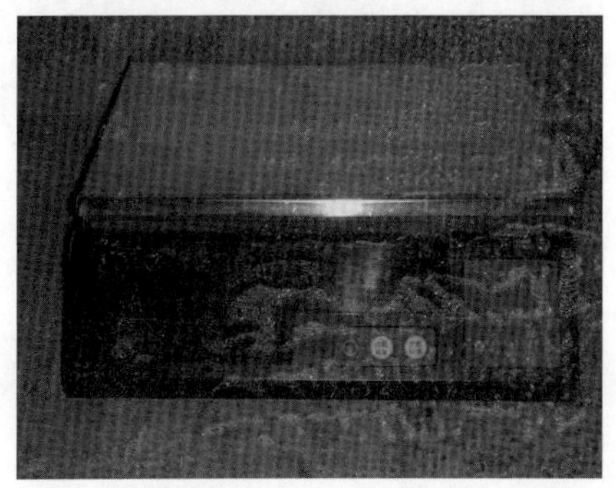

图6.12　试验用台秤

图6.13　橡胶试件盒

6.2.5 试验步骤

(1)按照文献[50]中的水泥混凝土试件制作方法进行试件的制作和养护。试验龄期按28d计(本试验配合比中由于加入矿物掺合料,为使其充分水化,龄期按60d计)。在到达龄期的前4d,将试件在20℃ ±2℃的饱和石灰水中浸泡,水面至少高出试件20mm。浸泡4d后进行冻融试验。

(2)试验开始前,将已浸水的试件擦去表面水后,称初始质量,测量初始自振频率,作为评定抗冻性的起始值。

(3)随后将试件装入试件盒中,加入淡水,水面应浸没试件顶面1~3mm。将装有试件的试件盒放入冻融试验箱的试件架中,开始冻融前应检查箱内防冻液是否足量和中心试块是否放置妥当。见图6.14、图6.15。

图6.14 箱内防冻液及中心试块

图6.15 冻融试块的放置

(4)经过25次冻融循环对试件检测一次,测试时,小心将试件从盒中取出,冲洗干净,擦去表面水分,称重和测定自振频率,并做必要的外观描述。每次测试完毕后,将试件调头重新装入试件盒中,注入淡水,继续试验。在测试过程中应防止试件失水,待测试件须用湿布覆盖。见图6.16~图6.18。

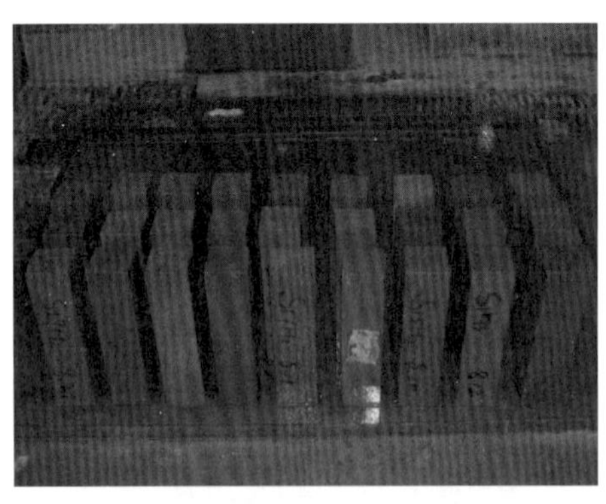
图6.16 冲洗试块

图6.17 称重

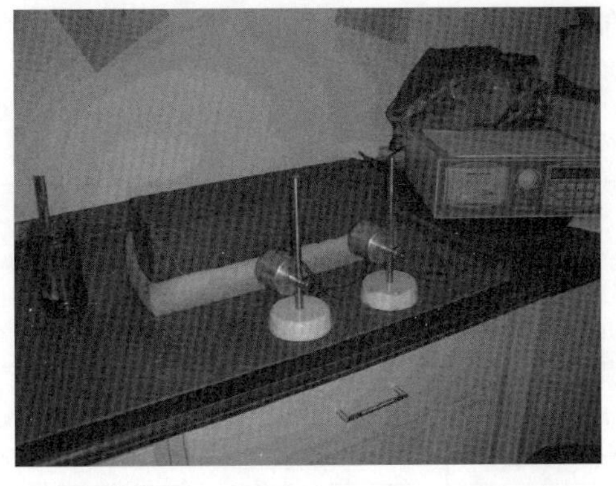
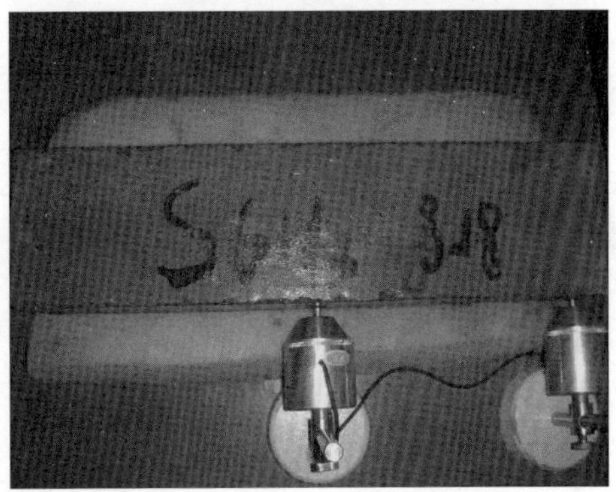

图6.18　动弹性模量测试

(5)当试验达到下列情况之一时即可停止：

①冻融至300循环。

②试件相对动弹性模量下降至初始值的60%以下。

③试件质量损失率达5%。

(6)试验结果处理。

①相对动弹性模量 P 按式(6.2)计算：

$$P = \frac{f_n^{\ 2}}{f_0^{\ 2}} \times 100 \tag{6.2}$$

式中：P——n 次冻融循环后试件相对动弹性模量(%)；

f_n——试件冻融 n 次循环后的横向基频(Hz)；

f_0——试验前试件的横向基频(Hz)。

以三个试件试验结果的平均值为测定值，结果精确至0.1%。当最大值或最小值之一，与中间值之差超过中间值的20%时，剔除此值，取其余两值的平均值作为测定值；当最大值和最小值均超过中间值20%时，则取中间值作为测定值。

②质量损失率按式(6.3)计算：

$$W_n = \frac{m_0 - m_n}{m_0} \times 100 \tag{6.3}$$

式中：W_n——n 次冻融循环后试件质量变化率(%)；

m_0——冻融试验前的试件质量(kg)；

m_n——n 次冻融循环后的试件质量(kg)。

以三个试件试验结果的平均值为测定值，精确至0.1%。但当三个试验结果中出现负值时，改负值为0，仍取平均值。当三个值中，最大值或最小值与中间值的差超过中间值1%时，剔除此值，取其余两值的平均值作为测定值；当最大值和最小值与中间值的差均超过中间值1%时，则取中间值作为测定值。

6.2.6　试验结果及分析

一般而言，混凝土反复受到冻融作用后，由于内部开裂和表面剥落而导致质量和动弹性模量下降，且其程度是决定该混凝土抗冻融性能优劣的重要指标。因此本试验中对试块每25次冻融后进行一次测试，其质量及横向基频如表6.2所示。

混凝土抗冻融试验结果 表6.2

循环次数	S1			S2			S3			S4		
	$m_{平均}$	$m_{损失}$	P	$m_{平均}$	$m_{损失}$	P	$m_{平均}$	$m_{损失}$	P	$m_{平均}$	$m_{损失}$	P
0	9810.5	0	100	9998	0	100	9845.5	0	100	9931	0	100
25	9811.5	0	98.3	10014	0	98	9859	0	98	9947	0	98
50	9816	0	98	10012	0	98	9857.5	0	97.8	9949.5	0	97.3
75	9818	0	97.3	10010	0	96.4	9855	0	96.2	9950	0	96
100	9818	0	96	10017	0	95.6	9858	0	95	9954.5	0	94.2
125	9816.5	0	95.4	10017	0	95	9856.5	0	93.2	9956	0	92
150	9819.5	0	95	10015	0	94.2	9856.5	0	92.3	9956	0	90.2
175	9816.5	0	93.2	10011	0	92	9855.5	0	90.4	9953.5	0	89.5
200	9819.5	0	92.6	10010	0	91.4	9851.5	0	88.6	9951.5	0	87.1
225	9819	0	92.6	10005	0	90	9847.5	0	87.3	9948	0	84
250	9819.5	0	91.3	10004	0	88.4	9849.5	0	86.5	9952	0	80.3
275	9820	0	90.4	10007	0	88.2	9849.5	0	84.3	9952	0	75.9
300	9817.5	0	87.6	10005	0	86	9852	0	82.6	9955	0	73.4
循环次数	S5			S6			S7			S8		
	$m_{平均}$	$m_{损失}$	P	$m_{平均}$	$m_{损失}$	P	$m_{平均}$	$m_{损失}$	P	$m_{平均}$	$m_{损失}$	P
0	9854	0	99.6	9703	0	100	9670	0	100	9698	0	100
25	9871	0	97.8	9705	0	98.6	9669	0	98.8	9694	0	99.4
50	9869.5	0	96.9	9720	0	98.4	9677	0	98.6	9705	0	99
75	9865	0	95.4	9734.5	0	98	9692	0	98	9738	0	98.3
100	9862.5	0	93.1	9747	0	97.2	9710	0	97.6	9770	0	97.9
125	9860.5	0	91.8	9771.5	0	97	9723	0	97.4	9791	0	97.6
150	9860	0	88.8	9783	0	95.8	9741	0	96.5	9812	0	97
175	9857.5	0	87.1	9743	0	94	9758	0	95.8	9837	0	96.6
200	9857	0	85.3	9803.5	0	93.4	9775	0	95	9839	0	96.4
225	9861	0	82.6	9807.5	0	93	9790	0	94.1	9844	0	95.4
250	9871	0	77.3	9814	0	92.1	9806	0	93.5	9852	0	94.7
275	9880.5	0	74.1	9816	0	91.5	9826	0	92.7	9866	0	94.3
300	9884	0	70.3	9818.5	0	88.9	9842	0	91.2	9867	0	92.1

续上表

循环次数	S9			S10			S11		
	$m_{平均}$	$m_{损失}$	P	$m_{平均}$	$m_{损失}$	P	$m_{平均}$	$m_{损失}$	P
0	9766	0	100	9823.5	0	100	9634	0	100
25	9768	0	99.8	9825	0	98.4	9652	0	98.8
50	9765.5	0	99.6	9828.5	0	98.2	9568	0	98.3
75	9772.5	0	99.2	9829.5	0	98.0	9656	0	98.2
100	9772.5	0	98.8	9829	0	95.5	9657	0	96.6
125	9773.5	0	98.8	9827	0	94.6	9652	0	96.1
150	9776	0	98.4	9828.5	0	93.2	9655	0	94.3
175	9769.5	0	97.8	9827.5	0	92.4	9655	0	93.8
200	9786	0	97.6	9834.5	0	91.7	9655	0	92.6
225	9790.5	0	97.6	9840.5	0	91.0	9649	0	92.1
250	9799.5	0	96.3	9848.5	0	88.5	9654	0	91.5
275	9806	0	95.8	9855.5	0	87.5	9656	0	88.9
300	9812.5	0	94.7	9860	0	86.0	9655	0	88.2

循环次数	S12			S13			S14		
	$m_{平均}$	$m_{损失}$	P	$m_{平均}$	$m_{损失}$	P	$m_{平均}$	$m_{损失}$	P
0	9808	0	100	9864.5	0	100	9590	0	100
25	9807	0	100	9866	0	100	9588	0	98.9
50	9810	0	98.9	9867	0	99.8	9592	0	98.3
75	9815	0	98.3	9869.5	0	99.4	9592	0	98.3
100	9821	0	97.2	9867.5	0	98.8	9590	0	97.4
125	9828	0	97.1	9875.5	0	98.4	9587	0	97.4
150	9838	0	95.8	9883	0	97.1	9587	0	96.3
175	9853	0	95	9893.5	0	96.5	9585	0	94.9
200	9865	0	94.8	9904	0	96	9586.5	0	93.2
225	9862	0	93.2	9913.5	0	95.5	9584.5	0	92.9
250	9889	0	92.2	9922.5	0	94.1	9586.5	0	92.4
275	9901	0	91	9934.5	0	92.7	9587.5	0	90.8
300	9913	0	89.9	9943	0	92.3	9588.5	0	89.1

续上表

循环次数	S15			S16			S17		
	$m_{平均}$	$m_{损失}$	P	$m_{平均}$	$m_{损失}$	P	$m_{平均}$	$m_{损失}$	P
0	9478	0	100	9423	0	100	9658	0	100
25	9476	0.02	98.9	9422	0	99.8	9653.5	0.04	100
50	9476	0.02	98.6	9426	0	99.2	9660.5	0	95.7
75	9481	0	98.4	9427	0	99	9675	0	93.2
100	9480	0	97.7	9428	0	98.6	9693.5	0	82.6
125	9479	0	97.5	9427	0	98.6	9718	0	62
150	9481	0	97.2	9436	0	97.9	9738	0	28.8
175	9478	0	96.6	9435	0	96.9	9749	0	21.8
200	9482	0	95.3	9443	0	96	9767.5	0	13.5
225	9461	0.18	94.9	9450	0	95.4	9779.5	0	10.5
250	9483	0	94.7	9466	0	95.1	9797.5	0	6.7
275	9484	0	93.2	9475	0	94.1	9816.5	0	3.6
300	9488	0	92.6	9481	0	93.1	9826.5	0	2.4

(1)粉煤灰 HPC 动弹性模量试验结果见图 6.19。

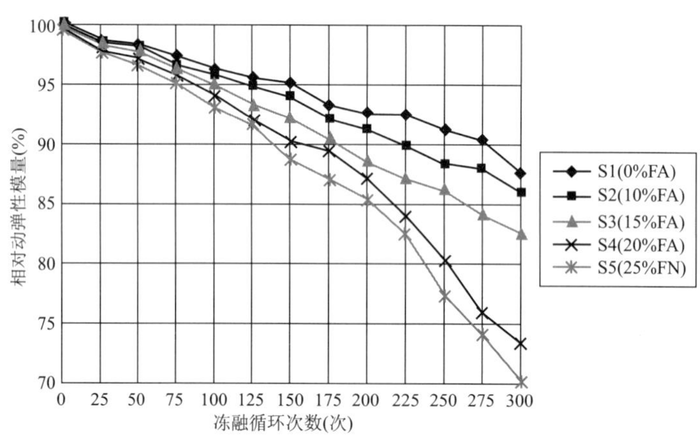

图 6.19 不同掺量粉煤灰高性能混凝土动弹性模量试验结果

从表 6.2 中可以看出,混凝土试件质量随着冻融次数的增加非但不减少,相反却有所增加,这是由于混凝土试件整体性较好,即使受到冻融损伤,也无发生严重剥落及质量损失。试验继续进行中,由于微裂缝吸水而造成质量有所增加。可以认为混凝土的冻融破坏为内部开裂,导致动弹模下降。从外观上看,每组混凝土的外观几乎没有变化,形状与尺寸基本完好,仅表层砂浆略有脱落。

由表 6.2 和图 6.19 可以看出,在 S2 ~ S5 各组中,不同粉煤灰掺量对混凝土抗冻性的影响区别很大。随着掺量从 10% ~25% 的增加,相对动弹性模量逐渐降低,125 次前损失都较小，但在125次后，相对动弹性模量的差别逐渐增大，规律也较为明显。300次冻融循环后，S2(10% FA)相对动弹性模量为86%，S3(15% FA)为82.6%，而掺量最大的S5(25% FA)仅为70.3%。说明粉煤灰的加入对混凝土抗冻融性能不利，尽管在试验掺量范围内都能满足60%以上的要求，但随着掺量的加大，混凝土的相对动弹性模量降低，抗冻融性能越差。

在其他条件不变的情况下，掺入粉煤灰后，可分散水泥颗粒，使水泥水化更加充分；同时混凝土中气泡平均直径、间距系数变小，毛细管数量相应减少，密实性得以提高。这些对混凝土的抗冻性都是有利的方面。但粉煤灰的这种改善效应并不是占据主导地位，随着粉煤灰掺量的增加，混凝土中含气量呈下降趋势，即粉煤灰掺量越高，混凝土中的含气量就越低。这主要有两方面原因：一是粉煤灰比表面积大，粒径较水泥小，由实心或中空的玻璃微珠构成，其特性在改善混凝土孔结构、提高密实度的同时降低了混凝土中的含气量；二是由于粉煤灰中未燃烧尽的活性炭细微颗粒对混凝土中的微小气泡有吸附作用，也使得混凝土中的含气量降低[154]。文献研究表明，粉煤灰中的含碳量很大程度上影响着引气剂所引入的含气量，在新拌混凝土中含气量会随着粉煤灰量的增加而减少，尽管粉煤灰的吸附作用因引气剂或减水剂品种而异，但粉煤灰的加入能降低混凝土中的含气量已是不争的事实[155]。因而在本试验中，S2～S5粉煤灰含量逐渐增加，混凝土中含气量相应减少，使得抗冻性能呈下降趋势。而掺量较大的S4、S5在大约200多次循环后相对动弹性模量出现几次陡降，表明混凝土内部出现了粉碎性的破坏，且事先没有明显的重量或频率损失，可见其冻融破坏没有预见性，非常突然。这可能是由于养护龄期较短(本试验60d)时，粉煤灰掺量相对较高，混凝土的胶凝材料体系中有很多的未水化粉煤灰颗粒，这个时候，在混凝土水泥石结构中对力学性能起主要作用的网状结构强度还没有发展完全，主要是靠粉煤灰颗粒的微集料效应，颗粒之间黏结力不大。随着冻融破坏的进行和积累，一旦内部出现微裂纹形成水分通道，更多的水就能进入混凝土中，使得混凝土发生崩溃性的破坏。

(2)硅粉HPC动弹性模量试验结果见图6.20。

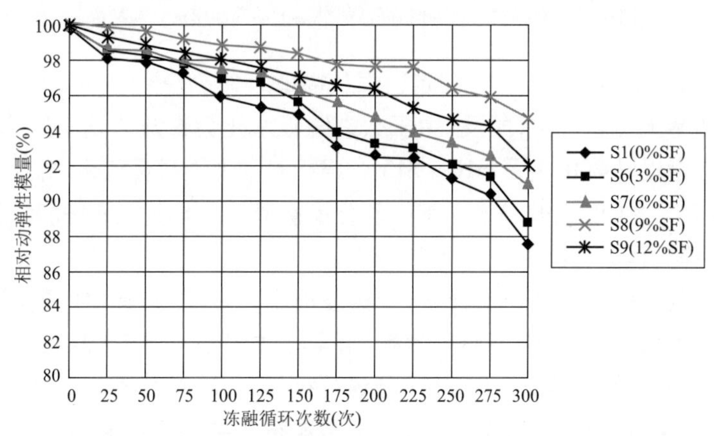

图6.20　不同掺量硅粉高性能混凝土动弹性模量试验结果

从图6.20中可以看出，加入硅粉后，混凝土抗冻性能有不同程度的提高，S6(3% SF)、S7

(6% SF)、S8(9% SF)、S8(12% SF)在300次循环后相对动弹性模量分别为88.9%、91.2%、92.1%、94.7%,都大于基准混凝土S1的87.6%。因此,试验表明,较小掺量范围内(本试验为12%)硅粉使混凝土抗冻性有所提升,且硅粉掺量越大,抗冻融性能越好。从每次称重来看,混凝土试件质量在冻融过程中无损失现象发生,同样说明混凝土的冻融损伤发生在内部,而不是外部大面积的剥落,这也是高强或高性能混凝土冻融破坏形态与普通混凝土的区别。

硅粉相对粉煤灰来说是一种粒径更细的掺合料,且活性很高。掺入混凝土中,对抗冻性能的改善主要有两方面:一是其与$Ca(OH)_2$反应生成C-S-H凝胶,填充水泥间较大孔隙,增强界面黏结力,同时改善混凝土内部气泡结构性质,小气泡和胶凝孔(小于100埃)相对增加,大气泡和大孔隙(大于0.1μm)相对减少,因而使得气泡间距变小,有利于抗冻性能的提高;二是硅粉的火山灰特性远强于粉煤灰,使得水泥浆硬化体中的不透水凝胶孔数量增加,使水泥石体系变得异常致密,这样一来,硅粉混凝土中渗入的自由水较少,内部可冻结水也就少,对抗冻有利。上述两方面的改善效应增加或减少与硅粉掺量成正比,因而随着掺量加大,混凝土抗冻性越好。

(3)双掺粉煤灰、硅粉HPC的动弹性模量测试结果见图6.21。

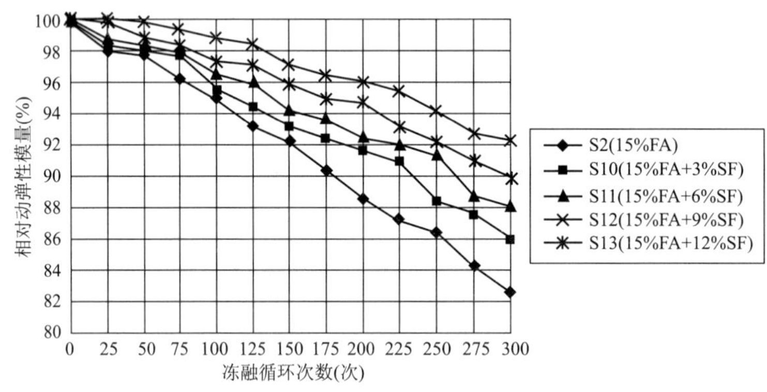

图6.21　双掺粉煤灰、硅粉高性能混凝土动弹性模量试验结果

结合表6.2和图6.21可以看出,固定粉煤灰掺量15%,复掺3%~12%硅粉的各组混凝土,冻融循环后质量无显著损失,相反,由于微裂缝吸水还会造成质量有所增加。从相对动弹性模量来看,冻融循环300次后,S10~S13各组相对动弹性模量值也均高于S3的82.6%,分别为86%、88.2%、89.9%、92.3%。其中硅粉掺量最大的S13抗冻性能最好,在300次冻融循环后相对动弹性模量依然保持在90%以上。

如前所述,混凝土强度达到一定程度,密实度很高,水泥浆与集料间的界面黏结力也提高,内部可冻结水大大减少,即使不掺引气剂,混凝土本身也可具有较高的抗冻能力。与单掺粉煤灰15%的S3相比,混凝土中复掺一定量的硅粉,抗冻性能有所改善,其原因在于:一方面复掺较单掺效果好,微集料级配更佳,对于水泥石孔结构及界面的改善效应最佳,也使混凝土的抗渗水性能有大幅提高;另一方面混凝土中胶凝孔数量急剧增多,毛细孔数量相应较大减少。鉴于混凝土中水分的冻结与毛细孔孔径有很大相关性,凝胶孔径极小,冰点极低(-78~-73℃),可认为其中的水实际是不结冰的,由此减少了混凝土产生冻结水的来源和冻结孔的数目,大大提高了混凝土的抗冻融性能。随着硅粉掺量加大,这些有利的效应也逐渐增强,混凝土内部对抗冻性有利之处发挥越佳,能达到更好的抗冻融效果。

(4)聚丙烯纤维HPC冻融过程中动弹性模量测试结果见图6.22。

对掺有纤维的S14~S17试件每次称重后发现质量几乎无减少现象,外观上整体性良好,只有零星的碎渣掉下,并没有发现明显的裂缝、剥落痕迹等。表明混凝土破坏损伤主要在于其内部产生微裂缝导致,试件可能已经开裂,但由于大量纤维起到的抗剥落作用,使得试件裂而不散。同时外部水分通过裂缝进入内部是造成质量增大的原因。

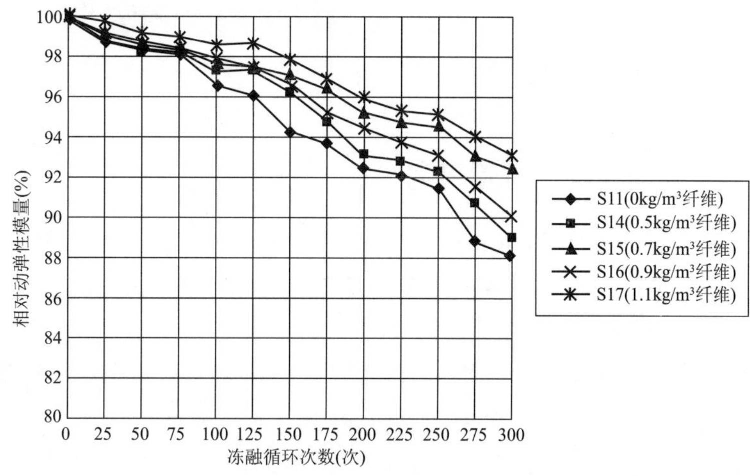

图6.22 不同掺量聚丙烯纤维高性能混凝土动弹性模量试验结果

由图6.22可以看出,在S11(15%FA+6%SF)基础上,分别掺入0.5kg/m^3、0.7 kg/m^3、0.9 kg/m^3、1.1 kg/m^{3}聚丙烯纤维后,对混凝土抗冻性影响差异较大。纤维掺量在0.9kg/m^{3}以下时,混凝土的抗冻性能随着纤维掺量增大而提高,与对比混凝土S11相比,冻融300次后相对动弹性模量分别为89.1%、92.6%、93.1%。而纤维掺量继续增大达1.1 kg/m^{3}时,混凝土的相对动弹性模量却减小为90.1%。从本试验可见,掺入聚丙烯纤维对高性能混凝土抗冻融耐久性有所改善,但只限于掺量较小(0.9 kg/m^3)范围内,超出一定掺量就会对混凝土抗冻性产生负面影响。

聚丙烯纤维作为一种复合材料掺入混凝土中,对混凝土抗冻性的影响与矿物掺合料或引气剂不同,其基本原理还是通过其互相交错的三维网状结构起到对混凝土整体性的协调、抑制微观裂缝出现的作用。当纤维掺量较小时,能在混凝土中分散均匀,不易结团、成束,起到"承托"集料的作用,降低了混凝土泌水与集料的离析,并能阻碍搅拌和成型过程中内部空气溢出,一定程度地增加了含气量,缓解了静水压力和渗透压力。同时聚丙烯纤维的延伸率较高,具有较强的传递荷载和约束裂缝扩展能力,乱向分布的纤维在硬化混凝土中发挥网状协调效应能一定程度地抵消水结冰时引起的膨胀力,阻止混凝土在遭受冻融循环条件下的裂缝生成和繁衍,有效地抑制连通裂缝的产生,增加了混凝土冻融损伤过程中的能量损耗。因此表现出对混凝土抗冻性的影响极小或轻微改善。但这种效果并不是随着掺量增大而一直提高,相反掺量越大,冻融破坏就越快。其原因在于聚丙烯纤维对混凝土抗冻性能表现出的两面性，即纤维与混凝土界面的结合状况也将直接影响它在混凝土中所发挥的作用。由于聚丙烯纤维材料的憎水性，使得纤维—水泥石界面区水膜层厚度较大、水灰比高，微观观测到结构松散、晶体富集，呈弱界面效应；并且随着掺量的提高，单位体积混凝土中分布的纤维根数多、间距小，造成了相邻纤维界面区的相互重叠，薄弱界面数量更多，界面区的微观结构十分松散，存在 $Ca(OH)_2$、钙矾石、水化硫铝酸钙等大量富集，对抗冻性不利[156]。这一不利特征，随着纤维掺量的提高逐渐占据主导地位，是造成 S17 在冻融中期相对动弹性模量损失较快的主要原因[157]。

聚丙烯纤维对混凝土阻裂效应和弱界面效应两方面的共同作用，使其掺入虽对高性能混凝土的抗冻性有所改善，但掺量并非越高越好。本试验表明，聚丙烯纤维体积掺量在 $0.9kg/m^3$ 时对高性能混凝土抗冻性的改善效果最好。

6.3 高性能混凝土碳化试验研究

硬化后的混凝土都呈碱性，其中 pH 值一般在 12 以上，但由于长期暴露在自然环境中，空气、土壤、地下水中的酸性物质不可避免侵入其中，与水泥石中的碱性物质发生化学反应，使混凝土中的 pH 值下降的过程称为混凝土的中性化[47]。

碳化是混凝土中性化最常见的一种过程，它是空气中的 CO_2 与水泥石中的碱性物质相互作用，使其成分、组织和性能发生变化，使用性能下降的一种复杂的物理化学过程[42]。碳化造成的最主要的危害就是降低混凝土的 pH 值，久而久之使其中的钢筋失去碱性保护，发生锈蚀，造成结构破坏。由于大气中含有一定量的 CO_2，因此碳化无处不在，是混凝土中性化的一种最普遍的形式。近些年来，全球气候变暖及温室效应，大气中的 CO_2 浓度不断增长，环境污染造成地下水 CO_2 逐渐增加，使得混凝土的碳化作用越来越严重。因此，混凝土碳化是一个不可忽视的问题，也是评价混凝土耐久性的一个不可缺少的指标。

6.3.1 混凝土的碳化机理

硬化后的混凝土是一个坚硬的整体，其中砂和石子通过水泥与水反应生成的具有强度的水泥石黏结起来。混凝土硬化过程中，将生成相当一部分氢氧化钙[$Ca(OH)_2$]和水化硅酸钙(简写为 CSH)[$3CaO \cdot 2SiO_2 \cdot 3H_2O$]，使混凝土保持在碱性状态。环境中的 CO_2 气体通过混凝土孔隙向混凝土内部扩散并溶解在孔隙水中，生成 H_2CO_3，与混凝土中的 $Ca(OH)_2$ 等可碳化物质发生反应，生产 $CaCO_3$。主要化学反应方程式如下[158]：

$$CO_2 + H_2O \rightarrow H_2CO_3$$

$$Ca(OH)_2 + H_2CO_3 \rightarrow CaCO_3 + 2H_2O$$

$$3CaO \cdot 2SiO_2 \cdot 3H_2O + 3H_2CO_3 \rightarrow 3CaCO_3 + SiO_2 + 6H_2O$$

上述混凝土碳化过程的物理模型见图 6.23[137]。

碳化过程是由表及里、由浅入深的，并逐渐向混凝土内部扩散。表层的混凝土碳化后，侵入的 CO_2 将继续沿着混凝土中的空隙通道向混凝土的深处扩展。当环境处于 50% ~70% 的湿度时碳化速度最快。

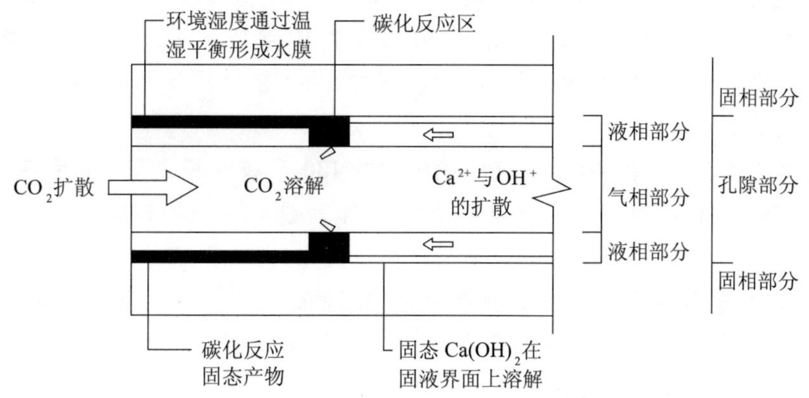

图6.23 混凝土碳化过程的物理模型

6.3.2 碳化对混凝土性能的影响

(1)质量变化

混凝土中水泥石碳化时，$Ca(OH)_2$和CO_2结合生成$CaCO_3$，其中$Ca(OH)_2$分子量为74，$CaCO_3$分子量为100，单从化学反应式来计算，固体体积有所增大。从密度来说，$Ca(OH)_2$为2.24g/cm^3，$CaCO_3$为2.72 g/cm^3，因此不论从理论分析或实际测定，质量或体积稍有增大，约增加1.12倍[47]。

(2)孔结构变化

碳化后，混凝土中的孔径变小，孔隙率下降，这是由于孔溶液中$Ca(OH)_2$和CO_2结合，生成$CaCO_3$，析出后沉积在细孔中，堵塞了混凝土中的孔隙，使孔径变小，孔结构得到改善。

(3)体积收缩变化

混凝土碳化生成$CaCO_3$后，由于放出水分，密度增大，从而引起混凝土的收缩，可能导致裂缝的产生和结构的破坏。

(4)强度的变化

碳化反应会造成强度的增大。原因是$Ca(OH)_2$碳化生成的$CaCO_3$能填充水泥水化不完全或其他因素造成的孔隙中，提高混凝土的密实度，使已碳化的混凝土强度提高。

(5)与钢筋锈蚀的关系

硬化的混凝土，由于水泥水化生成$Ca(OH)_2$显碱性，pH值>12，此时混凝土里的钢筋表面生成一层稳定、致密、钝化的保护膜，保护钢筋不致锈蚀。碳化作用降低了混凝土的碱性，对钢筋的钝化膜起破坏作用，当混凝土的pH值<12时，钢筋的保护膜就不稳定；当pH值<11.5时，钢筋的钝化膜就会遭到破坏，引起钢筋锈蚀。而钢筋一旦锈蚀，其体积膨胀至基体的2~4倍，所产生的膨胀力将使混凝土保护层开裂及与混凝土的黏结力降低。开裂的混凝土由于CO_2的不断侵入，钢筋锈蚀更加严重，直至使混凝土剥落，导致钢筋混凝土结构重大损伤，大大降低了混凝土的耐久性。

6.3.3 混凝土碳化造成的危害

混凝土碳化造成的危害主要是由于引起钢筋锈蚀使混凝土遭到严重破坏，据有关统计调查表明，由于碳化降低了混凝土的耐久性，造成了很大的直接和间接的经济损失。

如南京水利科学研究院对涡河上运行20多年的10余座水闸进行了调查监测，表明各水闸混凝土结构均存在较为严重的混凝土顺筋胀裂、剥落的破损问题，混凝土碳化引起钢筋锈蚀是破损的主要原因。

季诗政对北京河道上的40多年来先后修建的130余座涵闸作了老化和病害情况的调查，结果表明普查面积的40%须尽快维修，对这些涵闸威胁最大的破坏就是混凝土碳化引起的钢筋腐蚀。

华南地区18座海港码头中，因碳化而引起的工程破坏占89%。沧州沿海地区20世纪60～70年代建造的中小型水库、中小型桥梁中，也因碳化作用发生严重损伤破坏。

6.3.4 影响混凝土碳化的因素

混凝土碳化是伴随着CO_2气体不断向混凝土内部渗透，溶解于孔隙水中继而与各水化物发生反应的一个物理化学过程。因此，碳化过程与水灰比、水泥品种、集料质量、CO_2浓度，扩散速度、混凝土本身的密实性、环境湿度等密切相关。也可归结为两大类因素：一是混凝土材料本身的因素，二是环境因素。

(1)材料因素

①水灰比。

混凝土的碳化速度和深度会随着水灰比的增加而增大，其原因是水灰比W/C决定了混凝土中的孔结构与孔隙率。水灰比越大，混凝土孔隙率越大，游离水越多，因此CO_2扩散系数越大，混凝土碳化也就越明显，如图6.24所示。

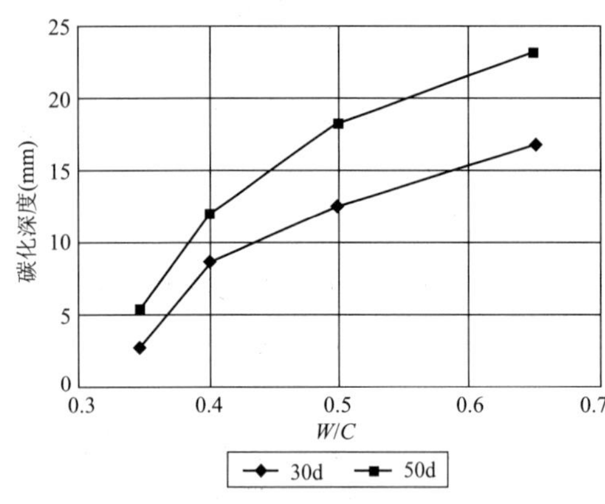

图6.24 水灰比对碳化深度的影响

②水泥品种与用量。

水泥的品种不同，各种矿物成分在水泥中的含量也不同；水泥用量不同，混凝土单位体积内水泥熟料不同，可碳化物质就不同。因此，两者对混凝土的碳化都有影响。

当水泥品种相同时，水泥用量越大，同体积混凝土中所含水泥水化物越多，也即可碳化物质越多，消耗的CO_2也越多，从而使混凝土碳化速度减慢。

当水泥用量相同时，活性混合料掺量大的水泥中可碳化物质含量少，碳化速度加快。混合料掺量小的水泥中可碳化物质含量相对多，碳化速度减慢。因此，相同水泥用量水泥碳化速度由小到大依次为硅酸盐水泥、普通硅酸盐水泥、粉煤灰水泥、火山灰质硅酸盐水泥、矿渣硅酸盐水泥。

③集料品种与粒径。

集料粒径的大小与质量主要是对界面区的黏结力有影响，进而影响到混凝土的碳化。如集料粒径级配不好或质量不好，会造成粗集料与水泥浆黏结较差，CO_2易从界面处扩散，也会加快混凝土的碳化速度。

④混凝土强度。

强度是混凝土孔隙率、密实度的宏观反应。总体来说,混凝土强度越高,混凝土就越密实,碳化深度就越小。

(2)环境因素

①相对湿度。

环境中的相对湿度对碳化的进行起到重要作用,湿度过高(90%以上),混凝土接近饱水状态,CO_2扩散缓慢,碳化发展也缓慢;相对湿度过低(25%以下),混凝土处于干燥状态,虽然CO_2扩散速度较快,但缺少碳化反应所需要的液相环境,碳化也是难以发展。只有当相对湿度在60% ~70%的中等湿度时,碳化速度最快。

②CO_2浓度。

CO_2浓度是决定碳化速度的主要因素之一,环境中CO_2浓度越大,渗入混凝土孔隙内的气体中CO_2含量也越多,使碳化反应加快。

③温度。

温度的升高加快了CO_2的扩散,因此温度越高,碳化速度越快。

④覆盖层或装饰材料。

表面覆盖层或装饰层对碳化起到延缓作用。因为覆盖层能消耗大部分CO_2,降低与混凝土面接触气体中的CO_2浓度值,从而降低混凝土的碳化速度。而有的覆盖装饰层不含可碳化物质,且通常比较致密,基本可以完全阻隔CO_2与混凝土接触,更加有效地防止了混凝土碳化。

6.3.5 抑制混凝土碳化的措施

由于碳化反应是与CO_2气体的反应,因此,抑制混凝土碳化的方法有两大类:一是提高混凝土的致密性,以此来提高混凝土的抗透气性;二是表层涂装气密性装饰材料。

(1)提高混凝土的抗透气性、抗透水性方法。

①降低水灰比。影响混凝土碳化速度的主要因素是水灰比,降低水灰比对提高混凝土抗碳化性能非常有效。水灰比小的混凝土水泥浆的组织密实,透气性小,碳化速度慢。因此,在设计抗碳化要求较高的混凝土配合比时,在满足其他性能的基础上,尽量降低水灰比,减少用水量,增加密实度,这样对提高混凝土抗碳化性非常有效。

②加强早期养护。如混凝土早期养护不好,水泥得不到正常水化,一是会降低混凝土的密实度,二是极易产生裂缝继而影响抗透气性、抗透水性。所以一定要加强混凝土的早期湿润养护,时间不得少于14d,以保证水泥正常水化,增加密实度,提高抗渗性。

③防止裂缝。由于各种原因容易使混凝土产生裂缝。混凝土建筑物中常见的裂缝有:干缩裂缝、塑性收缩裂缝、沉降裂缝、温度裂缝等。应从不同角度分析这些裂缝的成因,提出预防措施,尽可能减少裂缝的出现,以提高混凝土密实性,达到提高抗碳化性能的效果。

(2)适当增加钢筋混凝土保护层的厚度,可以延缓CO_2等到达钢筋表面的时间。

(3)在混凝土中掺入适量阻锈剂,可防止由于混凝土碳化引起的钢筋锈蚀。

(4)表面涂刷气密性大的装饰材料。

为防止 CO_2 气体渗透,可在混凝土结构表面涂刷抗渗性和耐久性好的有机或无机涂料,在起到装饰美观效果的同时,很大程度上可以阻滞空气的渗透而减慢混凝土的碳化。

6.3.6 混凝土碳化深度测试方法

混凝土碳化深度检测方法主要有两种:一是 X 射线法,二是化学试剂法。

X 射线法是物理学中一种研究晶体结构的分析方法,当 X 射线照射晶态结构时,将受到晶体点阵排列的不同原子或分子所衍射。X 射线照射两个晶面距为 d 的晶面时,受到晶面的反射,两束反射 X 光程差 $2d\sin\theta$ 是入射波长的整数倍时,即 $2d\sin\theta = n\lambda$(n 为整数),两束光的相位一致,发生相长干涉,这种干涉现象称为衍射,晶体对 X 射线的这种折射规则称为布拉格规则。θ 称为衍射角(入射或衍射 X 射线与晶面间夹角)。n 相当于相干波之间的位相差,$n=1,2\cdots$时各称 0 级、1 级、2 级……衍射线。反射级次不清楚时,均以 $n=1$ 求 d。晶面间距一般为物质的特有参数,对一个物质若能测定数个 d 及与其相对应的衍射线的相对强度,则能对物质进行鉴定。X 射线法精确度较高,不仅能测定出完全碳化区深度,还能测定出部分碳化区深度。但此方法需要专门的仪器,而且检测费用较高,因此使用较少,没有普及。

化学试剂法是利用酚酞的酸碱反应原理来进行的检测方法。常用试剂是 1% 的酚酞酒精溶液,测试时用已配好的试剂喷于试块断面(试验室方法)或者已钻好的测孔壁上(现场无损检测),待试剂反应变色后,测定其碳化深度,已碳化区域成无色,未碳化区域呈现粉红色。

关于混凝土快速碳化的试验方法较多,有自然碳化法、加速碳化法等,并没有一个统一的国际标准。以前较多利用高压高浓度的加速碳化试验方法,但经过研究的不断深入,发现高压或高浓度碳化方法与实际偏差过大,不能较为真实地反应自然环境中混凝土的碳化规律。因此 20 世纪 80 年代以后,各研究者都倾向于采用常压、低浓度的快速碳化方法来模拟混凝土的碳化。

本试验依据《普通混凝土长期性能和耐久性试验方法标准》(GB/T 50082—2009)[159],对编号为 S1 ~ S17 的 17 组不同配合比混凝土试件进行了碳化试验,采用混凝土快速碳化箱,设定一定 CO_2 浓度、湿度、温度对混凝土进行碳化。试块采用 100mm × 100mm × 100mm 立方体,达到养护龄期后,保留成型时的两侧面,其余各面用石蜡密封,并在碳化面顺长度方向用铅笔以 10mm 间距画出平行线,作为测定碳化深度的测量点。

6.3.7 试验设备和仪器

(1)混凝土碳化试验箱(HTH - 180 型),见图 6.25。

(2)二氧化碳供气装置,包括钢瓶、压力表,见图 6.25。

(3)压力试验机、喷壶、钢板尺。

6.3.8 试验步骤

(1)按照《公路工程水泥及水泥混凝土试验规程》(JTG E30—2005)[50]及本文第三章中的水泥混凝土试件制作方法进行试件的制作和养护。本试验采用 100mm × 100mm × 100mm

图 6.25　混凝土碳化试验箱

立方体试块，每个配合比浇筑 15 块，共计 255 块。

(2) 试件成型后，移至标准养护室养护。试件一般采用 28d 龄期，本试验由于配合比中加有不同的矿物掺合料，为使其水化充分，性能达到稳定，养护龄期采用 90d。在达到养护龄期(也即开始试验)的前两天，将试件从标准养护室取出，在 60℃ 的烘箱中烘干 48h。

(3) 把烘干处理后的试件保留成型时的两侧面，其余各面均用石蜡密封的方法，可采用电炉加热放有石蜡的蜡锅，使石蜡溶化后，把需要密封的一面没入蜡锅浸蘸，拿出后待石蜡凝固用小铲处理表面，如图 6.26 所示。密封完毕，在需碳化的两侧面上用红蓝铅笔以 10mm 间距画出平行线，以便作为劈开后测定碳化深度的测量点，如图 6.27 所示。

图 6.26　混凝土试块的侧面密封

图 6.27　测点的预先设置

(4) 将处理好的试件轻轻放入碳化箱的铁架上，并使试件经受碳化的表面之间的间距不少于 50mm，如图 6.28 所示。开启碳化箱前，应使加湿器容器内水分加满(为保证试验精确及机器寿命，使用蒸馏水)。开机后，调节钢瓶出口气压及流量计使其正常工作，并调整各参数，使箱内 CO_2 浓度保持在 20% ± 3%，温度控制在 20℃ ± 5℃，相对湿度保持在

70% ±5%。

(5)试验过程中,应经常查看钢瓶气压(图6.29)、加湿器水量及箱内温度、湿度、CO_2浓度情况。如钢瓶内CO_2气压降低,气体耗尽前应及时换气;加湿器内及时补充水分等,保持试验能够准确、连续、正常进行。

(6)本试验采用5个碳化龄期(3d、7d、14d、28d、35d),到达各龄期时,取出试件(每个配合比取出3块)。在压力试验机上劈开后,用毛刷刷去断面上的残余粉末,喷上已配置好的1%的酚酞酒精溶液指示剂。待其反应变色清晰后(30~60s),按原先划出的每10mm一个测点用钢板尺分别量出各点的碳化深度,数据精确至1mm。每个配合比按三个试件的碳化深度平均值作为该龄期的碳化深度。如图6.30所示。

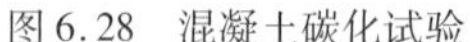

图6.28 混凝土碳化试验

图6.29 钢瓶气压表

(7)立方体试件只做一次试验,劈开测量后不再放入碳化箱内。待下个龄期到达时,每个配合比再重新取出3块试件测定,重复步骤(6),直至最后一个龄期到达,试件全部测完,关闭CO_2钢瓶及碳化试验箱,拔掉电源,试验结束。

图6.30 碳化深度的测定

6.3.9　试验结果及分析

各组混凝土碳化试验数据见表 6.3。

各龄期混凝土碳化试验深度　　表 6.3

试验组别	碳化深度(mm)				
	3d	7d	14d	28d	35d
S1	1.5	1.8	2.1	2.3	2.5
S2	1.7	1.9	2.3	2.7	2.8
S3	1.8	2.2	2.6	2.8	3.0
S4	2.2	2.4	2.8	3.0	3.1
S5	2.4	2.8	3.3	3.6	3.7
S6	1.3	1.7	2.0	2.2	2.3
S7	1.1	1.5	1.8	1.9	2.1
S8	1.0	1.4	1.6	1.8	1.9
S9	0.8	1.1	1.3	1.6	1.7
S10	1.7	2.0	2.4	2.6	2.7
S11	1.5	1.9	2.3	2.4	2.5
S12	1.4	1.7	2.1	2.3	2.4
S13	1.0	1.6	1.9	2.2	2.3
S14	1.2	1.7	2.0	2.3	2.4
S15	1.1	1.4	1.8	2.1	2.2
S16	0.9	1.2	1.5	1.8	2.0
S17	0.8	1.0	1.4	1.6	1.9

(1)粉煤灰 HPC 各龄期碳化规律见图 6.31。

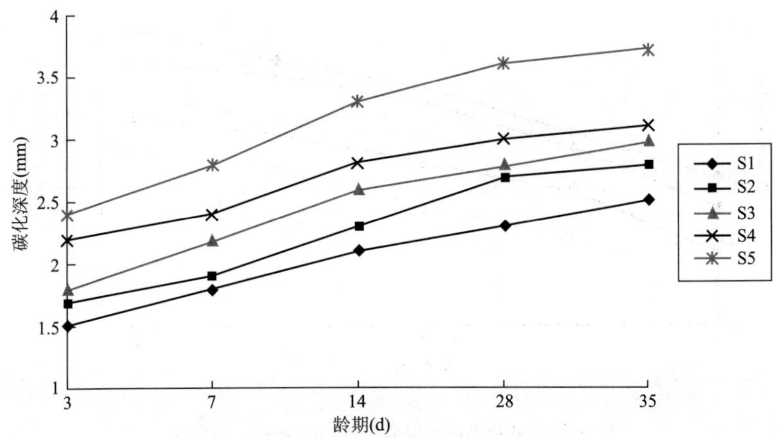

图 6.31　粉煤灰高性能混凝土各龄期碳化试验结果

由图可知，在同等环境条件（CO_2浓度，温度，湿度等）下，S1～S5 各组曲线呈上升趋势，即随着龄期的增长，碳化深度都不断增大。在 3d、7d、14d、28d、35d 不同龄期时，掺有粉煤灰各组试件碳化深度均大于基准试件，且随着粉煤灰掺量的增加，各龄期碳化深度也在增大。表明随着掺量增大，混凝土抗碳化性能都随之降低。另外可以看出，各曲线后期斜率变小，表明各组混凝土在早期碳化深度增长较快，中后期增长缓慢。

粉煤灰作为矿物掺合料加入混凝土中，对混凝土碳化深度的影响有两面性[160]：一是粉煤灰的火山灰效应、微集料效应提高了混凝土的密实度，增加了气体渗透的阻力，减慢了碳化速度，这是有利的一面；二是由于粉煤灰取代水泥，使水泥用量减少，混凝土单位体积内水化生成的 $Ca(OH)_2$等碱性物质总量减少，同时粉煤灰二次水化反应又消耗部分 $Ca(OH)_2$，使得混凝土内碱含量更低，势必造成对 CO_2吸收能力的降低、碳化过程时间缩短、速度加快，导致混凝土抗碳化能力下降，这是不利的一面。事实上掺入粉煤灰的混凝土实际碳化过程就是在这两种主要因素的综合影响下进行的，只不过第二种因素占据主要作用，粉煤灰的填充效应不能弥补碱含量降低造成的碳化深度增大，只能一定程度上延缓碳化时间而已。因此，粉煤灰加入后，混凝土碳化深度增大，且掺量越高碳化深度越大。另外，混凝土碳化深度随着时间增长而增加的趋势日益缓慢，是由于碳化生成 $CaCO_3$ 填充孔隙，同时粉煤灰的火山灰效应后期继续发挥，使得结构致密，CO_2侵入越来越困难，导致整体碳化速度放慢。

总体来说，粉煤灰混凝土的碳化深度都很小，即使随着掺量增大碳化深度有所增加，但都不足以达到使钢筋锈蚀的程度，因此不是主要问题。要消除粉煤灰掺入带来的负面效应，就要有针对性地在混凝土中适量增加碱储备，即提高 $Ca(OH)_2$含量，在不影响混凝土强度的前提下，可以说对抗碳化性能是有利的。适当提高碱含量，一方面可增加 CO_2的反应物，另一方面可提供后期粉煤灰的火山灰反应所需的大量 $Ca(OH)_2$，通过二次水化以提高混凝土的密实性，有效降低 CO_2的扩散速率。可以考虑加入石灰或采用粉煤灰超量取代的方法。

（2）硅粉 HPC 各龄期碳化规律见图 6.32。

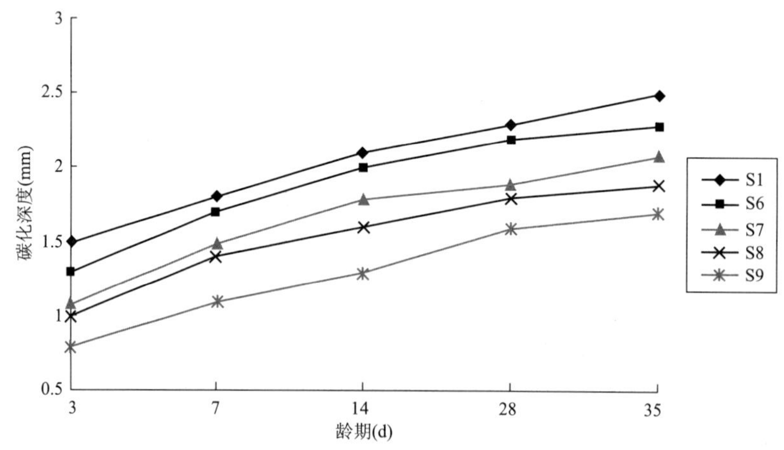

图 6.32　硅粉高性能混凝土各龄期碳化试验结果

从图 6.32 中可以看出，S6 ~ S9 各组试件随着龄期的延长，碳化深度都在不断增大，后期混凝土碳化速度增长趋势缓慢。在 3d、7d、14d、28d、35d 各个龄期时，随着硅粉掺量从 3% ~ 12% 的增大，混凝土碳化深度逐渐变小，且都小于同龄期基准混凝土。

硅粉和粉煤灰一样，也是常作为活性矿物掺合料掺入混凝土中，但其活性很高，粒径极小，对混凝土孔隙细化的程度要强于粉煤灰。本试验表明，在 12% 掺量范围内，加入硅粉有利于提高混凝土抗碳化性能。硅粉对混凝土抗碳化性能的影响和粉煤灰类似，也是有两面性。第一方面是能发挥其微集料效应，细化填充孔隙，使得混凝土内部结构更加致密，阻碍 CO_2 气体的渗透，这方面效应要强于粉煤灰。第二方面是硅粉掺入后，水泥用量减少，生成 $Ca(OH)_2$ 含量少，以及硅粉活性大，同样消耗 $Ca(OH)_2$，使得混凝土内碱含量减少，对抗碳化不利。与粉煤灰相比之下，硅粉的微集料填充效应占主要作用，加之硅粉总体掺量较小，即使混凝土内 $Ca(OH)_2$ 相对减少，碱含量降低不多，混凝土过于密实也能延缓混凝土碳化。随着硅粉掺量增大，这种微集料填充效应愈加明显，有利因素发挥主导作用，混凝土碳化深度逐渐减小。本试验掺量只做到 12%，更大掺量的硅粉加入可能会改变此规律，因此，大掺量硅粉对抗碳化性能的影响需要重新研究。

(3) 双掺粉煤灰、硅粉 HPC 各龄期碳化规律见图 6.33。

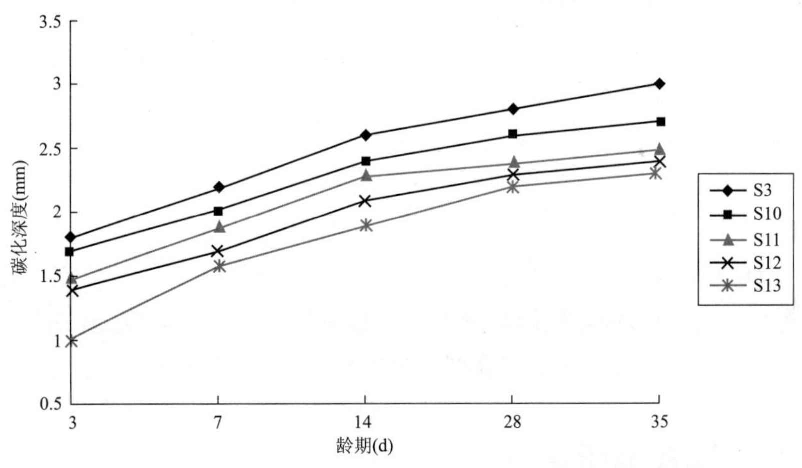

图 6.33　双掺粉煤灰、硅粉高性能混凝土各龄期碳化试验结果

由图 6.33 可知，在 S3(15% FA) 的基础上加入不同掺量硅粉后，混凝土在各龄期的碳化深度有所下降，且随着硅粉掺量的增大碳化深度逐渐减小，表明双掺硅粉后，均能较单掺粉煤灰不同程度地提高混凝土抗碳化性能。

粉煤灰和硅粉双掺后，更加优化了微颗粒粒径，微观结构的改变致使混凝土密实性得到大幅提高，而 $Ca(OH)_2$ 含量减小带来的负面因素成为次要方面。因此不论是碳化前期，CO_2 气体从表面开始渗透，还是碳化中后期，气体在混凝土中持续扩散，都表现为复合掺入硅粉后碳化深度减小，且硅粉掺量越大，碳化深度越小。由此可见，针对混凝土中单掺粉煤灰造成的抗碳化性能降低，可以采用加入适量硅粉予以补充，充分体现出各种矿物掺合料复合掺入产生的优势互补。

(4)聚丙烯纤维 HPC 各龄期碳化深度规律见图 6.34。

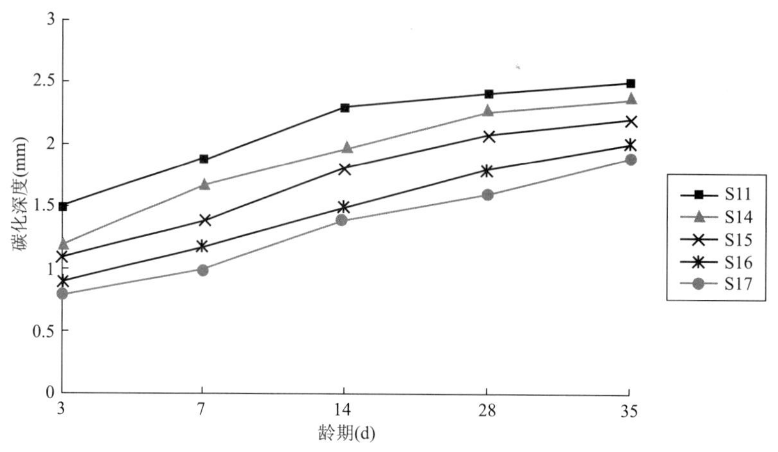

图 6.34 聚丙烯纤维高性能混凝土各龄期碳化试验结果

从图 6.34 的试验结果可以看出,掺入聚丙烯纤维对混凝土的抗碳化性能有所改善。图中显示,纤维掺量从 0.5 ~ 1.1kg/m³,各龄期的碳化深度均小于对比混凝土 S11,且掺量越大,碳化深度越小,在试验前期的改善较为明显。但同时可以看出,纤维掺量从 0.9 kg/m³ 增大到 1.1 kg/m³ 时,混凝土碳化深度的减小程度甚微,表明纤维的掺量并非越大越好,继续增大掺量可能对混凝土抗碳化性能没有明显改观。

纤维和混凝土抗碳化性能并没有直接关系,纤维的加入抑制了混凝土硬化过程中内部微裂缝的发生、开展和渗入通道的形成,碳化初期对混凝土阻止 CO_2 扩展起到了积极作用。但随着掺量增大较多,与混凝土结合处存在薄弱黏结面增多,提高了混凝土内部缺陷出现的概率,增加了 CO_2 向混凝土内部扩散的通道。因此表现出掺量到一定程度后,对混凝土抗碳化性能的改善有减弱趋势,说明聚丙烯纤维的掺量有一个最佳范围,超出一定掺量,效果减弱甚至会有相反作用。聚丙烯纤维在混凝土中的作用,并不是从化学反应上直接地去抑制混凝土的碳化,只是纤维的加入,间接地抑制了 CO_2 的扩散,一定程度降低了混凝土的碳化速度,进而起到延缓混凝土碳化的作用。

6.4 高性能混凝土干缩性试验研究

混凝土的收缩是指混凝土成型后,在硬化和使用过程中由于水化、干湿变化、温度变化等原因引起的体积减小。之所以收缩很重要,在于收缩和混凝土的开裂有着直接关联,收缩会造成混凝土内部的微观裂缝和原生裂缝,一旦作用荷载,再加以一定条件,这些裂缝就会发展成为肉眼可见的宏观裂缝,进而造成混凝土的开裂,导致混凝土性能劣化,耐久性降低。因此其重要性在于能引起混凝土的开裂。

严格来说,混凝土的收缩是三维方向的变形,但通常却以线性表示,这是因为大多数情况下,混凝土构件的一个或两个方向的尺寸往往比第三个方向小很多,其他两个方向的收缩与尺寸最大的收缩相比可以忽略不计。混凝土的收缩包括很多种,有塑性收缩、自收缩、干燥收缩、温度收缩、碳化收缩。这些收缩彼此独立发生或同时出现，共同造成混凝土的总收缩。通常我们所说的收缩，也即混凝土在相对湿度小于100%的空气中产生"干燥收缩"的简称，或称"干缩"。确实，在所有的变形中，混凝土的干缩变形有着极为重要的地位，也是最主要的收缩形式，因此对混凝土干缩性能的研究显得尤为重要。

对于高性能混凝土而言，干缩性能也是其耐久性的一项重要指标，因为单方水泥用量较大，会导致干缩、引起开裂。高性能混凝土掺入矿物掺合料后可适当减少收缩，但目前针对高性能混凝土的干缩研究只停留在单独掺入一种矿物外加剂来减小干缩的目的，而对复掺两种甚至三种掺合料的高性能混凝土的收缩研究不多，本试验将从单掺粉煤灰、单掺硅粉、复掺粉煤灰硅粉，复掺粉煤灰硅粉纤维多种角度来研究高性能混凝土干缩问题，以此来分析研究其规律，为提高混凝土抗裂性能，增强耐久性提供有价值参考。

6.4.1　混凝土干缩机理

干燥收缩是指混凝土停止养护后，处于未饱和的空气中，由于水分散失而引起的体积收缩。混凝土中的集料干缩很小，主要是由水泥石的干缩造成，及水泥石中的水分在硬化后较长时间内蒸发而引起，因此水泥石中的水分的组成和散失在混凝土的干缩中重要性最大。

水泥石中的水分存在有以下几种：存在于 $r>100$nm 中的大孔中的自由水，自由水和水泥石固相之间无作用力，这部分水分的消耗不会引起水泥石浆体收缩；存在于 $r<100$nm 中的毛细水，若水分损失会引起水泥石的收缩；吸附于水泥颗粒表面的吸附水，当湿度较低时便会散失，导致水泥石的干缩；水化产物的层间水，当层间水损失时也会造成混凝土的干缩；水化物结合水，这部分水是水泥基体的一部分，只有在特定的环境下水化物被破坏，结合水才会消失。因此从水分的迁移、蒸发、消耗的难易程度来说依次为：自由水、毛细水、吸附水、层间水、结合水。

有关混凝土的收缩机理，普遍认同的大致有四种：毛细孔张力学说、拆散压力学说、表面能变化学说和层间水迁移学说。这些学说尽管机理不同，但都是由水分蒸发引起的。

(1)毛细孔张力学说

毛细孔张力学说认为[8]，混凝土中的大孔和大毛细孔($r>100$nm，有的认为 $r>50$nm)中的水分属于自由水，这些水分蒸发对混凝土体积不产生影响。只有 $r<100$(或 $r<50$)的毛细孔中的水分开始蒸发时，水泥石才会产生收缩。这是因为水分蒸发速率较快，内部水分迁移来不及补充时，会在毛细孔中产生毛细管压力，促使浸润水在毛细孔中气液界面形成弯月面，对孔壁产生拉应力，从而促使凝胶颗粒向内部运动，造成水泥浆体收缩。假设毛细孔符合圆柱体的模型，则毛细孔压力 p 与表面张力 σ 及弯月面的半径 r 有关，即可用式(6.4)简单表示为：

$$p=\frac{2\sigma}{r}=1300\ln\left(\frac{1}{\varphi}\right) \tag{6.4}$$

式中：p——毛细管压力；

σ——表面张力；

r——弯月面的半径；

φ——空气相对湿度。

因此周围空气相对湿度越低,毛细孔半径越小,压力就越大。这一过程可通过图 6.35 来表示。

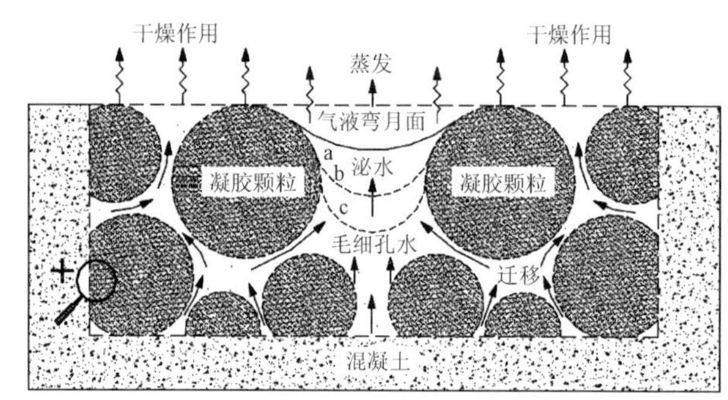

a) 混凝土表层在干燥作用下毛细孔内气液弯月面生成过程示意
(蒸发速率超过泌水速率时产生,并逐渐向混凝土内部发展)

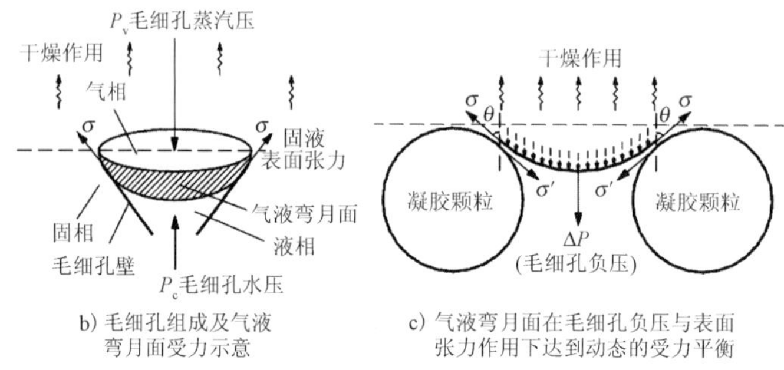

b) 毛细孔组成及气液弯月面受力示意

c) 气液弯月面在毛细孔负压与表面张力作用下达到动态的受力平衡

图 6.35 毛细孔张力学说示意图

(2) 拆散压力学说

根据分子力的原理,水泥胶凝体中同样存在有范德华力,吸引着周围的胶凝体颗粒聚集,使其紧密接触。但胶凝体表面吸附有水时,吸附水会产生一种所谓的"拆散压力",促使胶凝体颗粒分散。这种拆散压力随着吸附水膜的厚度增加而增加,如果拆散压力很大,大于分子间的范德华力时,就会迫使胶凝体颗粒分开,引起水泥石的膨胀;与此相反,如果干燥环境下水分蒸发,这种拆散压力就不复存在,导致水泥石胶凝体分子聚集,宏观上表现为混凝土的收缩[161]。

(3) 表面能变化学说

表面能变化引起的收缩是指凝胶颗粒表面随湿度的变化而引起的收缩,当固体微粒表面吸附一层水膜时,在水的表面张力作用下固体微粒受压力。

(4) 层间水迁移学说

层间水迁移蒸发也是干缩的一个重要原因。因为水化硅酸钙晶体(C-S-H)和托勃莫来石矿物的层状结构跟含水率有很大关系,其晶腔会随着含水率的变化而改变。水泥石中还有其他一些水化物晶体都是层状结构,水分子能进入其层间使晶格膨胀,当水分子蒸发时,会产生收缩。但有研究表明,这些层间水只有在较低的相对湿度下才能失去。当湿度大于 45% 时,毛细管水、胶凝孔水尚稳定存在,不会引起层间水的迁移,造成此种情况下的收缩。

6.4.2　混凝土的干缩过程

混凝土干缩的各种机理从不同角度说明了引起干缩的原因，各种学说并不矛盾，彼此同时发生或随着条件不同有先后发生。水泥石的典型收缩曲线如图6.36所示。从图中可见，干燥初期（AB段）水泥石中大孔及大毛细孔失水，此阶段水泥石虽然含水率减小但不发生收缩。当大孔失水后，孔径较小的毛细孔失水就会引起水泥石收缩，由于此时的收缩是毛细孔压力作用引起，跟水在毛细孔中形成的弯月面有关，随着水分蒸发，弯月面半径越来越小，毛细孔压力越来越大，进而造成收缩逐渐增大（BC段），但到一定湿度以下，毛细孔水分越来越少甚至完全脱水，弯月面不稳定甚至消失，此时由于毛细孔力引起的各向受压的减小，水泥石固体弹性恢复，可使水泥石体积轻微膨胀导致收缩缓慢，表现到图形上出现拐点，相当于*CD*段。当湿度进一步降低，毛细水丧失完全，吸附水开始蒸发，湿度越低，吸附水蒸发也越多。与此同时，托勃莫来石凝胶的层间水蒸发，使得水泥石收缩增大，这是*DE*段。最后，吸附于水化硅酸钙晶体间的水膜和层间水蒸发，相当于曲线的最后一段*EF*[162]。

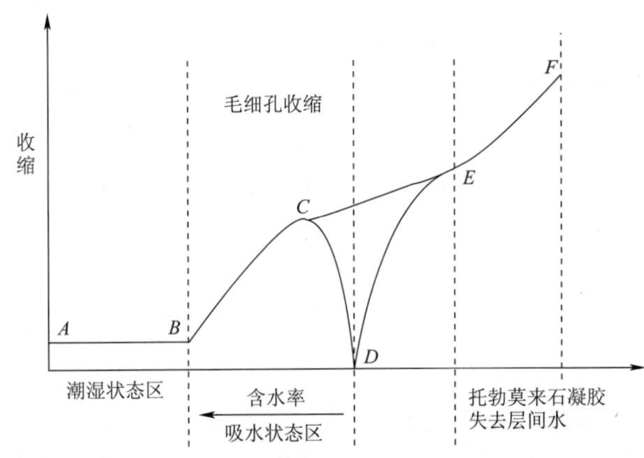

图6.36　水泥石干缩过程曲线

6.4.3　影响高性能混凝土干缩的因素

影响高性能混凝土的干缩变形因素很多，如水泥品种和用量、水灰比、集料品种和质量、掺合料、混凝土的养护等。

（1）不同品种的水泥干缩量不同，如普通硅酸盐水泥干缩量就大于粉煤灰水泥。同时水泥等级越高，其所制成的混凝土收缩越大；水泥细度越大，混凝土用水量越多，干缩越大；单位水泥用量越多，水泥石含量越多，收缩也越大。

（2）水灰比越大，混凝土的干燥收缩越大。据有关试验，一般用水量每增加1%，混凝土的干缩率增加2%～3%。但在水灰比不大于0.4的情况下，高性能混凝土干缩随着水灰比增大而稍有增大。因此，当水灰比较低时，混凝土的孔隙水也越低，相应的干缩也越低，但当水灰比过小时，有可能会产生较大自收缩。

（3）集料对混凝土的收缩比较重要，是因为集料一般不会产生收缩变形，相反其对混凝土水泥石的干缩起约束作用。单位体积内集料含量越大，则干缩越小。同时集料的品种也影响混凝土的干缩，如集料弹性模量较大，就能对水泥浆收缩的抑制作用增强，反之则减弱。

（4）矿物掺合料对高性能混凝土的收缩有很大影响。一般情况下，加入粉煤灰、硅粉或明矾石等超细粉对减少收缩有一定作用，而加入沸石粉、页岩灰等，会使干缩增大。

（5）养护条件对混凝土的收缩影响极大。如周围环境温湿度大，则收缩小。如采用高温高压养护的方法，则收缩值远小于普通潮湿养护的收缩值。

减小干燥收缩的措施很多，可针对影响混凝土收缩的因素来制定具体方法。如掺用膨胀剂，使混凝土产生微量膨胀以补偿其干缩变形；尽量选用单位用水量低的混凝土；掺用质量好、颗粒细的粉煤灰等矿物；选用合适的水泥品种；选用含泥量小、结构致密、吸水率小、硬度大的集料；合理配筋，合理养护等[163]。

6.4.4 干缩试验方法

目前针对高性能混凝土收缩的测定尚无统一明确的方法，我国标准《普通混凝土长期性能和耐久性试验方法标准》（GB/T 50082—2009）[159]和《公路工程水泥及水泥混凝土试验规程》（JTG E30—2005）[50]中，规定了在恒温、恒湿条件下，测定水泥混凝土试件由于失水引起的轴向长度变形的方法。试验规定，混凝土收缩试件的试模尺寸为 100mm × 100mm × 515mm或 100mm × 100mm × 400mm，成型时两端预埋测钉（也可后埋测钉或用其他方法处理端面轴心），三个试件为一组，成型 1d 后拆模，然后放入标准养护室中养护。养护 2d 后取出测定基准长度，并放入干缩室中养护，室内设置温度为 20℃ ±2℃，湿度为 60℃ ±5℃。按规定的龄期测定混凝土的收缩率，通常用最长 180d 的收缩率来评价混凝土的收缩，在实际研究中可根据具体的情况增加或减少测定龄期。

本试验依照《公路工程水泥及水泥混凝土试验规程》（JTG E30—2005）[50]来测定混凝土试件的干燥收缩应变。理论上干燥收缩应为混凝土在干燥条件下实测的变形扣除相同温度下的自身体积变形，但考虑到干燥收缩变形与自身体积变形对工程的效应是相似的，并且由于试验养护环境规定了恒温、恒湿的条件，因此所测得的干缩包含的自身收缩应变很少，干缩试验测定的应变大体上可以反映掺合料的种类、掺量对各配合比真实干缩应变的影响规律。

6.4.5 试验设备

（1）试模：规格为 100mm × 100mm × 400mm 的金属试模或塑料试模。

（2）SHBY －40A 型混凝土标准恒温恒湿养护箱（图 6.37）。

（3）混凝土收缩测试应变仪，附带千分表（图 6.38）。

图 6.37 混凝土标准养护箱

图 6.38 混凝土干缩测试应变仪

(4)其他:环氧树脂、薄玻璃片、记号笔等。

6.4.6　试验步骤

(1)按试验规范浇筑100mm×100mm×400mm规格的混凝土试件,每个配合比3块混凝土试件,17组共计51块。

(2)本试验采用浇筑后处理端面的方法。成型试件后,使试件带模养护1d,拆模后,立即在试件两端面沿对角及中心划出直线,以确定端面测量轴心,随后均匀涂上环氧树脂,并把洁净的玻璃片按压粘到两端面上,注意使玻璃片下环氧树脂厚度一致。待端面处理完毕,即移回标准养护室继续养护2d。注意轻拿轻放,不可损坏两端玻璃面。示意图如图6.39所示。

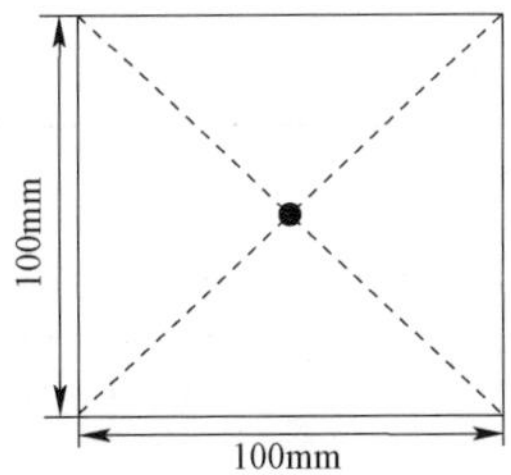

图6.39　试件侧面中心点的确定

(3)试件在3d龄期(从加水搅拌混凝土开始算)时从标准养护室取出,立即移入干缩室内测定千分表初始读数,此读数应反复测定3次,取算术平均值作为基准读数。测量时应注意使千分表的测头与试件两端处理过的端面中心保持在一条直线上,试件每次放置的方向、位置要一致,必要时可做标记。试验过程中切勿碰撞表架表杆等试验装置。如图6.40所示。

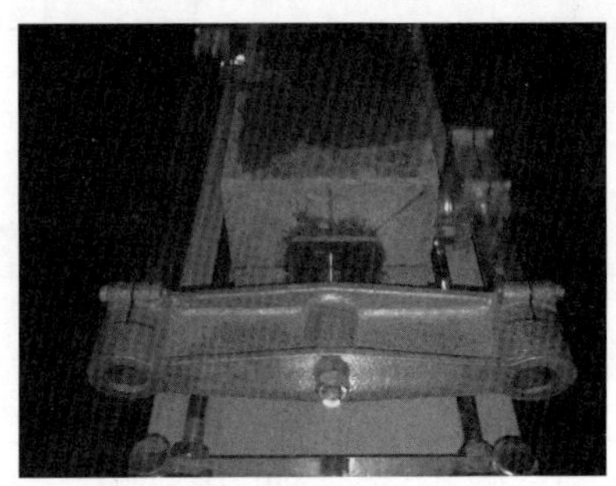

图6.40　混凝土的干缩测定

(4)根据具体试验情况,本试验自移入干缩室日起计算,在1d、3d、7d、14d、21d、28d、35d、60d、90d进行测量,记下千分表读数。

(5)试验结果计算

某一龄期混凝土的收缩值可按下式计算,每个配合比取3个试件干缩值的算术平均值作为试验结果：

$$L_{st} = L_0 - L_t \tag{6.5}$$

式中：L_{st}——龄期为 t(d)的混凝土收缩值，t 从测定初始长度算起；

L_0——千分表初始读数(μm)；

L_t——试件在龄期 t 时的千分表读数(μm)。

本试验在规范基础上稍做改进，即对试件两端预埋测钉确定测量轴心的方式进行改变，采用环氧树脂黏结薄玻璃片，并在两端面用记号笔画线定出轴心的方法来处理试件端面。此方法不影响试验过程，大大减少了因测钉不好固定带来的不便和误差。

6.4.7 试验结果与分析

高性能混凝土干缩试验结果如表 6.4 所示。

混凝土干缩试验结果(单位：10^{-6}m)　　表 6.4

试验组别	龄期 (d)									
	1	3	7	14	21	28	35	42	60	90
S1	58	195	267	386	456	503	588	621	658	693
S2	35	149	248	336	400	444	489	511	536	555
S3	23	128	211	299	376	411	444	468	504	521
S4	17	127	201	265	325	379	398	422	476	493
S5	13	94	172	235	286	341	359	398	432	450
S6	78	215	308	445	489	577	617	652	696	725
S7	108	245	345	481	556	626	659	691	733	772
S8	124	280	399	529	589	658	699	734	769	798
S9	131	316	415	569	624	687	739	768	817	845
S10	34	139	235	314	398	441	478	499	536	552
S11	43	155	258	345	423	471	499	529	567	579
S12	55	166	278	365	436	498	525	568	593	614
S13	63	188	299	388	465	533	572	602	635	665
S14	30	125	201	300	383	436	469	501	541	559
S15	25	113	181	285	351	403	439	477	514	525
S16	21	104	171	252	306	359	385	435	469	476
S17	18	98	153	221	283	326	354	382	437	441

(1)粉煤灰 HPC 各龄期干缩值见图 6.41。

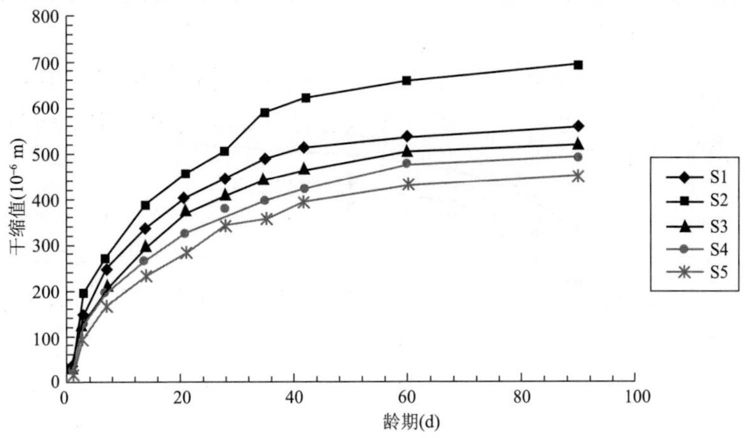

图 6.41　粉煤灰高性能混凝土干缩随时间变化曲线

从图 6.41 中可以看出，无论早期还是后期，掺有粉煤灰的 S2 ~ S5 各组混凝土干燥收缩均较同龄期基准混凝土小，同时干缩值随着粉煤灰掺量的增大而减小，粉煤灰掺量最大的 S5 (25% FA) 的 90d 龄期干缩值为 450×10^{-6}m，比基准混凝土的干缩值 693×10^{-6}m 减少了 35%。其他掺量为 10%、15%、20% 的三组，最终干缩值较基准混凝土分别减少了 20%、25%、29%。说明粉煤灰掺量较高时对干缩的抑制效果更为显著。同时可以看出，掺有粉煤灰的混凝土干缩在 35d 龄期后增长缓慢，逐渐趋于稳定，但基准混凝土的干缩还有相对较大增长，在 42d 龄期后，基准混凝土的干缩明显高于掺有粉煤灰的干缩，表明粉煤灰抑制混凝土收缩的效果在后期更为显著。

水泥混凝土的干缩是内部微观失水在宏观上的表现，粉煤灰对混凝土干缩的影响主要是对水泥石孔结构以及水化产物多少的影响。粉煤灰属于火山灰质材料，其活性较弱，在混凝土中具有"能量滞后效应"，其初凝和终凝时间随粉煤灰掺量的增加均有增加。在抑制干缩方面有很多有利的因素：粉煤灰需水量较水泥少，置换出部分拌和水能及时地补充内部水分向外迁移带来的相对湿度降低；粉煤灰取代减少了水泥用量，也即减少了早期水化产物量，起到了抑制水泥水化的作用，降低了早期绝对升温和温度裂缝发生的概率；同时未水化的粉煤灰颗粒弹性模量高，填充了水泥水化产物的孔隙，使水泥石及界面区的致密性得到增强，减少了混凝土表面的水分损失，也起到了限制浆体收缩的作用；这些有利的因素均促成了粉煤灰减少混凝土的干缩。在硬化后，水泥石硬化体结构相对疏松，特别是 32 ~ 100nm 的孔径范围的孔含量的降低导致吸附结合水减少，使粉煤灰混凝土的中前期的自收缩和干燥收缩明显降低。在后期，粉煤灰的火山灰效应，生成 C－S－H 凝胶，提高了混凝土的强度的同时，减少了硬化混凝土的有害孔比例，有效提高了混凝土的密实性，起到骨架作用，对后期抑制干缩更加有力。

(2) 硅粉 HPC 各龄期干缩值见图 6.42。

从图 6.42 中可以看出，在硅粉掺量 12% 以下时，各组混凝土干缩值均比基准混凝土大，且随着硅粉掺量的增加逐渐增大，无论是早期或后期都有此规律。在 90d 龄期时，掺量最小的 S6(3% SF)组的收缩比基准试件高出 5%，而掺量最大的 S9(12% SF)较基准试件高出 22%左右。

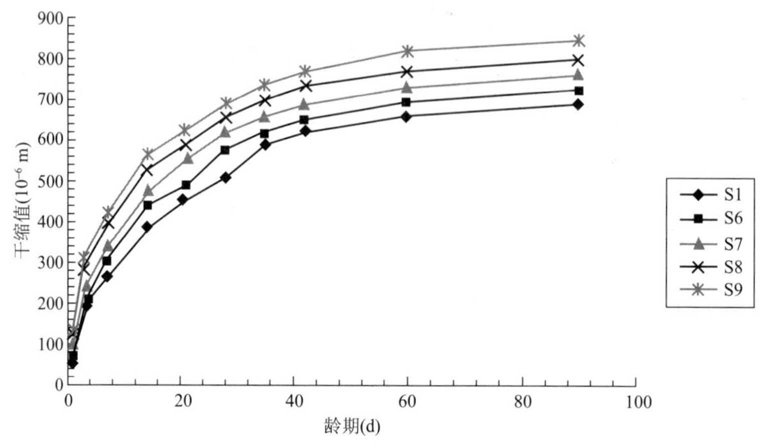

图 6.42　硅粉高性能混凝土干缩随时间变化曲线

根据干缩的机理，混凝土的干缩是由其中各种孔隙中水分的蒸发和散失引起的，这些孔隙分布在水泥石中、集料中以及集料与水泥石、钢筋与水泥石交界处，可分为胶孔、毛细孔与气孔几种。气孔最大，直径在 1 ~ 0.01mm，存在着自由水，这种水的增减不引起体积变化，与干缩无关；毛细孔的尺寸比气孔约小 100 倍，其中存在着受毛细管力作用的可蒸发水，与干缩有着直接的关系；胶孔比毛细孔又小 1000 倍，即为 10 ~ 40 埃，约为水分子直径的 5 倍，占凝胶体积的 1/4 ~ 1/3，胶孔中经常充满水，不易蒸发，毛细孔水与胶孔水与混凝土体积变化有密切关系。混凝土成型 3d 进行干缩试验，水泥水化不充分，混凝土中的水分被蒸发，大孔中的水首先蒸发但体积不变，水分进一步蒸发，毛细管中水分减少，由于管表面张力作用，引起混凝土干缩。混凝土中掺入硅粉后，一是由于硅粉自身吸水率大，混凝土拌和物表面的泌水率大大减少，水分蒸发速度大于泌水速度，就增加了塑性干缩开裂的危险；二是由于硅粉的填充作用，总孔隙率少，大孔和气孔少，毛细孔与胶孔多，散失的水分直接就是毛细水，导致毛细管张力增加，引起的干缩比普通混凝土大，且随着硅粉掺量的增大而增大。到了后期(60d)，由于硅粉混凝土密实性好，水分蒸发、迁移困难，硅粉混凝土干缩变化趋势相对平缓，与普通混凝土相近。如果是对于成型后在水中养护 28d 的试件，硅粉混凝土水化充分，未水化的自由水减少，加之混凝土密实，混凝土中的水分蒸发困难，干缩应比普通混凝土略小或相等。

混凝土的水分蒸发、干燥过程是由外向内、由表及里，逐渐发展的，干燥收缩在早期表现得十分敏感，也是在早期才能引起结构裂缝的问题。硅粉混凝土显著减少泌水量，增加了开裂的概率，特别是在蒸发速度比较高的环境中(例如高风速、低湿度和高温情况下)。因此对于掺有硅粉的混凝土，成型后应覆盖塑料薄膜或不间断喷水雾来防止其塑性开裂的发生。如不加以重视，会致使混凝土表面出现裂缝的时间提前，而且裂缝贯穿整个混凝土表面所需的时间缩短，最终裂缝条数、裂缝总长度、开裂面积、最大开裂宽度增加。

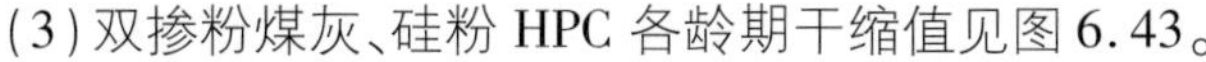

(3)双掺粉煤灰、硅粉 HPC 各龄期干缩值见图 6.43。

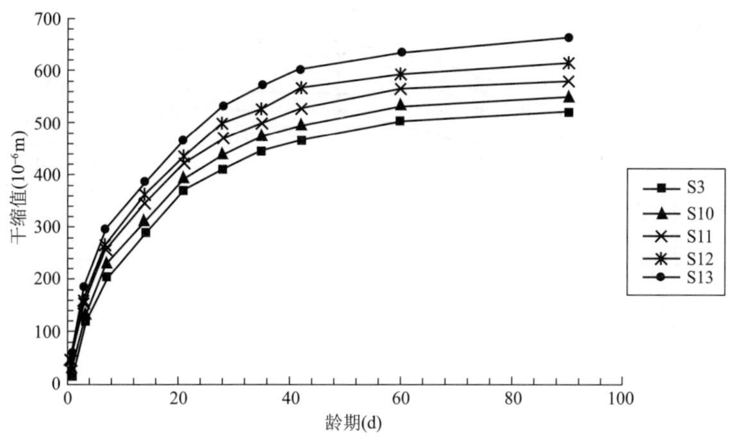

图 6.43　粉煤灰、硅粉双掺高性能混凝土干缩随时间变化曲线

根据上述分析,硅灰是超细活性掺合料,加入混凝土中虽然有利于提高早期强度,但加速了水泥水化反应速度,其掺量越大,干燥收缩越大。复合掺入一定粉煤灰,不论是早期还是后期,在改善其他性能的同时,能有效抑制混凝土的干缩。

从图 6.43 中可以看出,在双掺的情况下,S10 ~ S13 各组与 S6 ~ S9 相比,不同龄期的干缩值都有所降低,说明在不同掺量硅粉混凝土中加入固定的粉煤灰都能一定程度的降低干缩值。从另一角度,在 S3 的基础上,复合掺入一定量的硅粉,随着硅粉掺量的增加,混凝土试件的干燥收缩也随之增加,即 SF/FA 越高,干缩越大,如 S11 的 14d 收缩量比 S3 大 15%,而 S13 的干缩量比 S3 大 30%。这说明复合矿物掺合料对干缩的影响显著取决于 SF/FA,当该值较低时,复合掺合料体现出粉煤灰的抑制作用,当该值增加到一定程度后,复合掺合料主要体现的是硅粉增加干缩作用,对应干缩的增大较多。但总体来说,双掺粉煤灰和硅粉较单掺硅粉降低了混凝土的收缩。这是由于两种矿物掺和料的活性不一样,硅粉的活性高,在早期时,二次水化反应以硅粉为主,粉煤灰的活性低,尚未被激发,主要起填充作用;在后期硅粉的量较少的情况下,二次水化反应以粉煤灰为主,这时硅粉水化已相对充分,生成的 C－S－H凝胶物可以更好地起到填充作用。这样一前一后的搭配,使得水化反应进行更彻底,水化反应的速率、温度控制更合理,水泥石结构密实性更好,可以有效地减少混凝土中的水分蒸发,从而减少混凝土试件的干燥收缩应变。

(4)聚丙烯纤维 HPC 各龄期干缩值见图 6.44。

从图 6.44 中可看出,聚丙烯纤维的掺入使混凝土各龄期的干缩变形减小,且纤维掺量越大,干缩值越小。体积掺量为 $0.5kg/m^3$、$0.7kg/m^3$、$0.9kg/m^3$、$1.1kg/m^3$ 的 S14 ~ S17 各组混凝土 90d 干缩值分别为对比混凝土 S11 的 96.5%、90.7%、82.2% 和 76.2%。同时可以看出,纤维对混凝土干缩的抑制作用在早期较为明显,如 S14 ~ S17 各组,7d 干缩值分别为 S11 的 77.9%、70.2%、66.3%、59.3%,在 28d 之后干缩值相差不大,90d 龄期后,混凝土的干缩曲线趋于平缓,说明随着龄期的增长,混凝土干缩值增长的幅度减小。

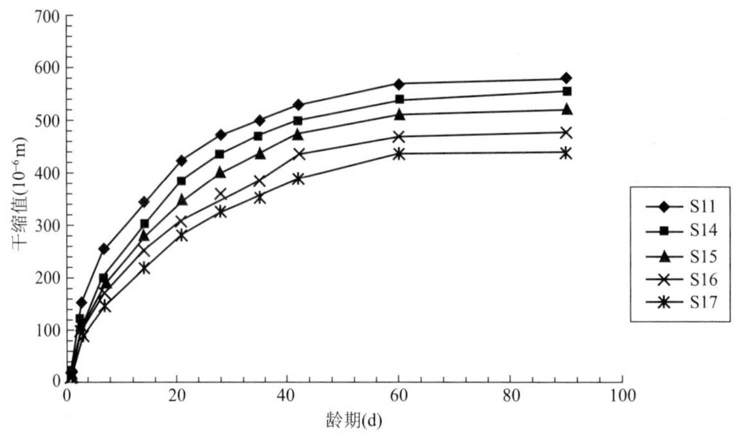

图 6.44　聚丙烯纤维高性能混凝土干缩随时间变化曲线

如前所述,混凝土干缩的机理比较复杂,主要原因有两个方面:一是水泥石内吸附水的蒸发引起凝胶体收缩;二是毛细孔内自由水的蒸发造成毛细孔负压。毛细孔负压力决定其收缩值,而毛细孔总压力与毛细孔的个数和半径有关。毛细孔个数越多、半径越小,所产生的毛细孔总压力就越大,其收缩值就越大。

对于混凝土结构,纤维的加入使每 m^3 混凝土中均匀存在数以百万根的纤维,对混凝土的干缩具有显著的改善作用:

①聚丙烯纤维具有明显的保水作用,使混凝土的失水面积减小,水分迁移困难,从而使毛细管失水收缩形成的毛细张力有所降低。纤维越细,间距越小,混凝土的失水面积就越小,干燥收缩变形也就越小。

②纤维在混凝土内部杂乱无序分布,起到了类似筛网立体支撑作用,缓解集料下沉和游离水上升,阻塞了渗水通道或使渗水通道的曲折性增加,也降低了混凝土失水速率。

③纤维的加入使孔结构发生了明显的变化。与不掺纤维混凝土相比,聚丙烯纤维表面形成了吸附水膜,从而使试件形成了较大的毛细孔并增加了较大毛细孔的数量,减小了毛细孔的个数,从这方面可以看成优化了混凝土的孔、空隙结构,其结果较大毛细孔使毛细孔压力减小,从而有效地降低收缩。

④由于纤维的阻裂作用,低弹性模量的聚丙烯纤维相对于塑性浆体成为高弹性模量材料,依靠纤维材料与水泥浆之间的界面吸附黏结力、机械齿合力等,对原生裂缝的发展起到阻挡、消耗能量的作用,增加了材料抵抗开裂的塑性抗拉强度,从而使失水收缩产生的应力小于材料塑性抗拉强度,材料表面的开裂状况得以减轻,甚至消失,减少了造成混凝土破坏或性能劣化起源的原生微裂缝。这些都是对降低混凝土干缩有利的一面。

高强混凝土的早期有一些水分向外蒸发,早期混凝土强度要低一些,纤维次要骨架效应对干缩的抑制要强一些,因而聚丙烯纤维对高强混凝土的早期抑制效果要好于后期聚丙烯纤维阻裂效应。聚丙烯纤维的作用不仅在于有效地降低了混凝土的干缩、阻止了早期塑性裂缝的发生和发展,更在于通过提高材料介质的连续性,使硬化混凝土的性能得到显著改善。

6.5　小结

本章以粉煤灰、硅粉、聚丙烯纤维为掺合料，通过不同比例的单掺或复掺进行了高性能混凝土的抗渗性、抗冻融性、抗碳化性和干燥收缩试验。得到以下主要结论：

(1)粉煤灰可在一定程度上提高混凝土的抗渗性，且在一定掺量范围内(本试验中为25%)随着掺量增大抗渗性提高。硅粉可显著提高混凝土抗渗性，掺入量较小即可大幅提高混凝土的抗渗水能力。复掺粉煤灰和硅粉对抗渗效果有显著改善。加入聚丙烯纤维后，掺量在 1.1kg/m^3 范围内时，随着掺量增大渗水高度逐渐降低。应根据不同工况选取合适的矿物掺合料及其最佳掺量，如有压力水存在、氯离子渗透及有特殊抗渗要求等情况下都会有所不同。

(2)粉煤灰的加入会对混凝土的抗冻性产生一定的负面影响，掺量较小时，相对动弹性模量虽有降低，但幅度不大，掺量增加会使抗冻性有较大下降。粉煤灰掺量应根据其质量品质试验选取，建议优先选用质量等级较高的粉煤灰，以便使混凝土性能得到更好的发挥。掺入少量硅粉(12%以内)对混凝土抗冻性有所提高，且随着掺量增加相对动弹性模量增大，硅粉混凝土整体抗冻性能提高。在 15% 粉煤灰的基础上加入不同掺量的硅粉，大大提高了混凝土的抗冻融性能。在聚丙烯纤维掺量为 0.9kg/m^3 以下时，抗冻性能有一定提高。但随着掺量的继续增大，混凝土试件冻融损伤加快，严重影响混凝土抗冻性。

(3)混凝土的碳化深度与时间成正比，但到后期，由于混凝土密实性提高，碳化速度逐渐放缓。粉煤灰取代水泥后，会导致碳化深度增大，且掺量越大碳化速度越快，深度越大。硅粉在一定掺量范围内会使混凝土碳化深度有所减小。在 15% 粉煤灰的基础上，掺量由小到大加入硅粉后，碳化深度逐渐减小。双掺粉煤灰和硅粉，能使掺合料优势互补，克服单掺粉煤灰碳化深度大的缺点。聚丙烯纤维对混凝土的抗碳化性能有一定改善作用，但掺量过大，会使混凝土内部出现缺陷的概率增大，改善作用会减弱，甚至增大混凝土的碳化深度。

(4)粉煤灰能有效地减缓水泥早期水化过快带来的负面影响，通过其火山灰效应对混凝土的干缩起到抑制作用。在本试验 25% 掺量范围内，随着掺量的增大，干缩值越来越小。高性能混凝土掺入硅粉后，各龄期干缩值略大于基准混凝土，但后期由于硅粉混凝土的致密性使干缩值有所减小。采用复合掺入粉煤灰、硅粉的方法可以有效弥补硅粉 HPC 对干缩造成的不利影响。干缩值和 SF/FA 有关，其值越大，干缩值相应越大。聚丙烯纤维加入对混凝土的干缩具有明显的抑制作用，对混凝土早期收缩的抑制效果比后期好，并能有效降低干缩值和保证尺寸稳定性。同时其对混凝土干缩的抑制作用与掺量有关，随着掺量的增加，抑制效果增强，但依然存在有最佳掺量，掺量过大会起相反作用。

第 7 章　结论与展望

7.1　主要结论

本书采用全计算法确定 C50 高性能混凝土的配合比，以粉煤灰、硅粉和聚丙烯纤维为掺合料，通过混凝土拌和物工作性试验（坍落度和扩展度试验、L 形流动仪试验）、力学性能试验（包括立方体抗压强度、立方体劈裂抗拉强度、棱柱体抗压强度、弹性模量、抗弯拉强度及抗弯拉弹性模量）、断裂试验和耐久性试验（包括抗渗性试验、抗冻融性试验、碳化试验及干燥收缩试验），研究了粉煤灰、硅粉和聚丙烯纤维分别在“单掺”和“混掺”的情况下对高性能混凝土性能的影响，并得出以下主要结论：

（1）在高性能混凝土中加入粉煤灰，能使混凝土具有更好的工作性能，使拌和物的黏聚性和可塑性提高；在 6% 硅粉掺量内，硅粉的加入提高了高性能混凝土的工作性能。随着掺量进一步增大后，硅粉高性能混凝土的流动性将降低，稠度增大，整体工作性能降低，需要提高高性能减水剂的用量；双掺粉煤灰和硅粉后，粉煤灰高性能混凝土的工作性能随着硅粉掺量的增加而呈降低趋势；聚丙烯纤维对高性能混凝土的工作性能影响不明显，但聚丙烯纤维的掺入，提高了混凝土黏聚性，能抑制拌和物的离析和泌水。

（2）粉煤灰掺入 HPC 后，大幅度提高了混凝土后期强度，粉煤灰 HPC 的基本力学性能指标都随着粉煤灰掺量的增加呈现出先增大后减小的趋势，在 15% ~ 20% 粉煤灰掺量时 HPC 的基本力学性能最好；硅粉掺入 HPC 后，不仅提高了混凝土 7d、28d 的抗压强度和劈裂抗拉强度，而且后期强度也有一定的增长，硅粉 HPC 的基本力学性能指标都随着硅粉掺量的增加而增大；双掺粉煤灰和硅粉后，HPC 前期抗压及劈裂抗拉强度有所降低，28d 时强度都大幅度提高，后期增长减小，后期 HPC 的脆性增大；聚丙烯纤维掺入 HPC 后，对混凝土的立方体抗压强度、轴心抗压强度、抗压弹性模量及抗弯拉弹性模量有降低作用，但能提高混凝土的劈裂抗拉强度和抗弯拉强度，表明聚丙烯纤维的加入能减小 HPC 的脆性，聚丙烯纤维 HPC 的基本力学性能指标都随着纤维掺量的增加呈现出先增大后减小的趋势，在 $0.9kg/m^3$ 时达到最优。

（3）粉煤灰掺入，提高了高性能混凝土的有效裂缝长度、断裂韧度、断裂能、临界裂缝张开位移和极限裂缝张开位移，并且这些参数都随着粉煤灰掺量的增加呈现出先增加后减小的趋势，在粉煤灰 20% 掺量时，这些参数都达到最大值，粉煤灰的加入降低了混凝土的脆性，提高了抵抗裂缝发展的能力；硅粉的掺入，提高了高性能混凝土的有效裂缝长度、断裂韧度、断裂能、临界裂缝张开位移和极限裂缝张开位移，但是这些参数都随着硅粉掺量的增加而减小，在硅粉 12% 掺量时，这些参数都达到最小值，并且略微高出基准配合比 S1，随着硅粉掺量的增大，将使混凝土脆性增大。试验结果表明：硅粉掺入高性能混凝土后，对混凝土的断裂性能有提升的作用，但是该作用随硅粉掺量的增大将减小；硅粉掺入粉煤灰 HPC 后，降低了混凝土的有效裂缝长度、断裂韧度、断裂能、临界裂缝张开位移和极限裂缝张开位移，并且这些参数都随着硅粉掺量的增加而减小，在 15% 粉煤灰和 12% 硅粉掺量时，这些参数都达到最小值，硅粉和粉煤灰同时加入高性能混凝土后增大了混凝土的脆性，降低了混凝土抵抗裂缝发展的能力；聚丙烯纤维对 HPC 的破坏荷载有减小作用，但是对混凝土的有效裂缝长度、断裂韧度、断裂能、临界裂缝张开位移和极限裂缝张开位移都有提高作用，并且都随着聚丙烯掺量的增加而增大，在纤维 $1.1kg/m^3$ 掺量时，这些参数都达到最大值。纤维对高性能混凝土的断裂韧度和临界裂缝张开位移提高幅度不大，但对断裂能和极限裂缝张开位移提高幅度较大，说明纤维加入混凝土后，对混凝土的阻裂作用主要发生在混凝土开裂后，大大改善了混凝土的裂后行为。

(4)粉煤灰可在一定程度上提高混凝土的抗渗性，且在一定掺量范围内(本试验中为 25%)随着掺量增大抗渗性提高。硅粉可显著提高混凝土抗渗性，掺入量较小即可大幅提高混凝土的抗渗水能力。复掺粉煤灰和硅粉对抗渗效果有显著改善。加入聚丙烯纤维后，掺量在 $1.1kg/m^3$ 范围内时，随着掺量增大，渗水高度逐渐降低。应根据不同工况选取合适的矿物掺合料及其最佳掺量，如有压力水存在、氯离子渗透及有特殊抗渗要求等情况下都会有所不同。

(5)粉煤灰的加入会对混凝土的抗冻性产生一定的负面影响，掺量较小时，相对动弹性模量虽有降低，但幅度不大，掺量增加会使抗冻性有较大下降。粉煤灰掺量应根据其质量品质试验选取，建议优先选用质量等级较高的粉煤灰，以便混凝土性能得到更好的发挥。掺入少量硅粉(12% 以内)对混凝土抗冻性有所提高，且随着掺量增加相对动弹性模量增大，硅粉混凝土整体抗冻性能提高。在 15% 粉煤灰的基础上加入不同掺量的硅粉，大大提高了混凝土的抗冻融性能。在聚丙烯纤维掺量为 $0.9kg/m^3$ 以下时，抗冻性能有一定提高。但随着掺量的继续增大，混凝土试件冻融损伤加快，严重影响混凝土抗冻性。

(6)混凝土的碳化深度与时间成正比，但到后期，由于混凝土密实性提高，碳化速度逐渐放缓。粉煤灰取代水泥后，会导致碳化深度增大，且掺量越大碳化速度越快，深度越大。硅粉在一定掺量范围内会使混凝土碳化深度有所减小。在 15% 粉煤灰的基础上，掺量由小到大加入硅粉后，碳化深度逐渐减小。双掺粉煤灰和硅粉，能使掺合料优势互补，克服单掺粉煤灰碳化深度大的缺点。聚丙烯纤维对混凝土的抗碳化性能有一定改善作用，但掺量过大，会使混凝土内部出现缺陷的概率增大，改善作用会减弱，甚至增大混凝土的碳化深度。

(7)粉煤灰能有效地减缓水泥早期水化过快带来的负面影响，通过其火山灰效应对混凝土的干缩起到抑制作用。在本试验 25% 掺量范围内，随着掺量的增大，干缩值越来越小。高性能混凝土掺入硅粉后，各龄期干缩值略大于基准混凝土，但后期由于硅粉混凝土的致密性使干缩值有所减小。采用复合掺入粉煤灰、硅粉的方法可以有效弥补硅粉 HPC 对干缩造成的不利影响。干缩值和 SF/FA 有关，其值越大，干缩值相应越大。聚丙烯纤维加入对混凝土的干缩具有明显的抑制作用，对混凝土早期收缩的抑制效果比后期好，并能有效降低干缩值和保证尺寸稳定性。同时其对混凝土干缩的抑制作用与掺量有关，随着掺量的增加，抑制效果增强，但依然存在有最佳掺量，掺量过大会起相反作用。

7.2 研究展望

高性能混凝土以其独特的优点，必定成为混凝土进一步发展的趋势。目前，对高性能混凝土的研究和应用还不完全成熟，对其某些性能或机理方面的认识尚不清楚或不统一，国内外诸多学者依然在进行探索和试验，尽管本书在相关方面取得了一些阶段性成果，但受试验条件及其他条件的限制，仍有许多问题尚有待于进一步研究和探讨：

(1)本书仅对 HPC 强度进行了多种养护龄期的研究，其余的力学性能指标、断裂性能以及耐久性试验大多仅考虑了 28d 养护龄期，28d 以后 HPC 的水化反应还没有结束，将对混凝土的性能产生较大影响，特别是对混凝土长龄期的断裂性能及耐久性能的影响，有待进一步进行研究。

(2)高性能混凝土强度受许多因素的影响，其间相互关系十分复杂，并不规律，传统的强度评价龄期和公式已不太适用，应建立合适的强度评定标准及龄期。在此基础上，以耐久性指标来衡量高性能混凝土的优劣，并形成适用于高性能混凝土的耐久性试验规范。

(3)在进一步研究中，高性能混凝土的配合比设计应形成理论，区别于普通混凝土配合比设计方法，提出针对高性能混凝土设计的一般性方法和定量化公式，并制定规范或规程。

(4)针对 HPC 新拌混凝土的工作性，在以后的研究中宜改变传统的评定方法，改进并推广新的工作性评价方法及标准，适应不同工况下对拌和物状态的要求。

(5)本书所开展的试验都是宏观试验，所进行的微观机理研究还处于定性分析或者现象描述阶段，没有对 HPC 的微观结构进行试验研究，这也是下一步值得进行深入研究的一项重要内容。

(6)本书所进行的断裂试验，都是以固定试件尺寸，固定切口深度来展开的，没有考虑 HPC 的断裂尺寸效应，掺合料对缺口敏感性等，对 HPC 断裂试验尺寸效应以及断裂试件缺口敏感性的研究也将是以后相关研究工作中一项值得重视的内容。

参考文献

[1] 赵国藩. 高性能混凝土发展简介[J]. 施工技术,2002,4(31):1-2.

[2] 阎培渝. 现代混凝土的特点[J]. 混凝土,2009,1(231):3-5.

[3] Eguehi Kiyoshi,Teranishi Kohji. Prediction equation of drying shrinkage of concrete basedon composite model[J]. Cement and Concrete Research. 2005,35(3):486-493.

[4] 吴中伟. 绿色高性能混凝土与科技创新[J]. 建筑材料学报,1998,1(1):1-7.

[5] 吴中伟. 高技术混凝土[J]. 硅酸盐通报,1994,(1):41-45.

[6] 吴中伟. 高性能混凝土——绿色混凝土[J]. 混凝土与水泥制品,2000,2(1):3-5.

[7] 赵国藩,仲伟秋. 高性能材料在结构工程中发展与应用[J]. 大连理工大学学报,2003,3(43):257-261.

[8] 冯乃谦. 高性能混凝土的发展与应用[J]. 施工技术,2003,4(32):1-6.

[9] 吴中伟. 绿色高性能混凝土——混凝土的发展方向[J]. 混凝土与水泥制品,1998,2(1):3-6.

[10] 沈旦申. 粉煤灰混凝土[M]. 北京:中国铁道出版社,1989.

[11] E. E Berry,V M Malhtotra. Fly Ash for use in concrete – A Critical Review. Journal of ACI,1980,77(8):59-73.

[12] 谷章昭,杨钱荣,吴学扎. 大掺量粉煤灰混凝土[J]. 粉煤灰,2002(2):25-28.

[13] 王福元,吴正严. 粉煤灰利用手册[M]. 北京:中国电力出版社,1997.

[14] 沈旦中,张荫济. 粉煤灰效应的探讨[J]. 硅酸盐学报,1981,9(1):57-63.

[15] 覃维祖. 大掺量粉煤灰混凝土与高性能混凝土[J]. 混凝土与水泥制品,1995,(2):22-26.

[16] 李成河. 大掺量粉煤灰高性能混凝土的应用分析[J]. 黑龙江工程学院学报(自然科学版),2005,19(1):19-33.

[17] Sellevold E. J,Nilsen T. Condensed silica fume in concrete a WorldReview. 1987.

[18] Ivan Janotka etc. Effeet of temperature on structural quality of the cement paste and high – strength concrete with silica fume [J]. Nuclear Engineering and Design, 2005235:2019-2032.

[19] M. Davraz,L. Gunduz. Engineering properties of amorphous silica as a new natural pozzolan for use in concrete[J]. Cement and Concrete Researeh. 2005,35:1251-1260.

[20] L. Lam,Y. L. wong,C. S. Poon. Effect of fly ash and silica fume on compressive and fracture behaviors of concrete[J]. Cement and Concrete Research,1998,28(2):271-283.

[21] Yin – Wen Chan,Shu – Hsien Chu. Effect of silica fume on steel fiber bond characteristics in reactive powder concrete[J]. Cement and Concrete Research. 2004,34:1167-1172.

[22] Houssam A. Toutanji,Ziad Bayasi. Effect of curing procedures on properties of silica fume concrete[J]. Cement and Concrete Research,1999,29:497-501.

[23] M. H. Zhang, C. T. Tam, M. P. Leow. Effect of water – to – cementitious materials ratio and silica fume on the autogenous shrinkage of concrete[J]. Cement and Conerete Research, 2003, 33:1687-1694.

[24] Abdullah A. Almusallamete. Effect of silica fume on the mechanical ProPerties of low quality coarse aggregate concrete[J]. Cement & Concrete Composites, 2004, 26:891-900.

[25] Ha – Won Song, Jong – Chul Jang, Velu Saraswathy, Keun – Joo Byun. An estimation of the diffusivity of silica fume concrete[J]. Building and Environment, 2007, 42:1358-1367.

[26] 惠荣炎，王秀军. 硅粉混凝土及其应用[M]. 北京，中国铁道出版社，1995.

[27] 范沈扶. 高强硅粉混凝土抗冻性及气泡结构的试验研究[J]. 水利学报，1990，(7): 20-25.

[28] 丁雁飞，孙景进. 硅粉混凝土抗冻性研究[J]. 混凝土，1991，6(3):41-45.

[29] 王铁城. 小浪底高性能混凝土的配制技术[J]. 施工技术，2001，5 (30):14-15.

[30] 薛航. 掺硅粉混凝土路用性能研究[J]. 混凝土. 2006，(9):41-44.

[31] Goldfein S. Fibrous reinforcement for Portland cement[J]. Modern Plastics, 1965, (4): 156-159.

[32] 沈荣熹. 纤维混凝土[M]. 北京：中国建筑工业出版社，1995.

[33] Houssam A, Toutan J. Properties of polypropylene fiber reinforced silica fume Expansive – cement concrete[J]. Construction and Building Materials, 1999(3):171-177.

[34] Banthia N, Nandakumar N. Crack growth resistance of hybrid fiber reinforced cement composites[J]. Cement & Concrete Composites, 2003(25):3-9.

[35] 龚益，徐至钧. 纤维混凝土与纤维砂浆施工技术应用指南[M]. 北京：中国建材工业出版社，2005.

[36] 曹诚，刘兰强. 关于聚丙烯纤维对混凝土性能影响的几点认识[J]. 混凝土，2000，131 (9):49-51.

[37] 华渊，刘荣华，曾艺. 纤维增韧高性能混凝土的试验研究[J]. 混凝土与水泥制品，1998，(3):40-43.

[38] 戴建国，黄承逵. 网状聚丙烯纤维混凝土的试验研究[J]. 混凝土与水泥制品，1999，(4):35-38.

[39] 覃维祖. 大力发展绿色高性能混凝土[J]. 建筑技术，2005，36(1):12-16.

[40] 冷发光. 绿色建材和绿色高性能混凝土的开发[J]. 建筑技术开发，2000，27(3):2-5

[41] Smith, David C. The Promise of High – Performance[J]. Concrete Public Roads, 1996, 2: 27-36.

[42] 金伟良，赵羽习. 混凝土结构耐久性[M]. 北京：科学技术出版社，2002.

[43] 吴中伟，廉慧珍. 高性能混凝土[M]. 北京：中国铁道出版社，1999.

[44] 初少风，施养杭. 高性能混凝土的研究现状与应用前景[J]. 低温建筑技术，2007(6): 4-6.

[45] Nville A, Aitcin P C. High Performance Concrete- An Overview[J]. Materials and Structerials and Stuctures, 1998, 31:111-117.

[46] 黄士元. 高性能混凝土发展的回顾与思考[J]. 混凝土,2003(7):3-9.

[47] 冯乃谦. 高性能混凝土结构[M]. 北京:机械工业出版社,2004.

[48] 杨玉辉. C80 机制砂混凝土的配制与性能研究[D]. 武汉:武汉理工大学硕士学位论文,2007.

[49] 吴中伟,廉慧珍. 高性能混凝土[M]. 北京:中国铁道出版社,1999,62-73.

[50] 中华人民共和国行业标准. JTG E30—2005 公路工程水泥及水泥混凝土试验规程[S]. 北京:人民交通出版社,2005.

[51] 姚燕,王玲,田培. 高性能混凝土[M]. 北京:化学工业出版社,2006.

[52] 中华人民共和国行业标准. GB/T 1596—2005 用于水泥和混凝土中的粉煤灰[S]. 北京:中国标准出版社,2005.

[53] 许增建,范旭东. 高新能硅粉混凝土的探讨[J]. 黑龙江水专学报,2005,32(2):144-145.

[54] 中华人民共和国行业标准. JTG E 42—2005 公路工程集料试验规程[S]. 北京:人民交通出版社,2005.

[55] 中华人民共和国行业标准. JTJ 056—1984 公路工程水质分析操作规程[S]. 北京:人民交通出版社,1984.

[56] 陈建奎. 混凝土外加剂原理与应用[M]. 北京:中国计划出版社,2004.

[57] 中华人民共和国国家标准. GB 8076—2008 混凝土外加剂[S]. 北京:化学工业出版社,2008.

[58] 宗荣. 聚丙烯纤维混凝土使用性能研究[D]. 西安:长安大学,2004.

[59] Mehta P K, Aietcin P C. Principles underlying production of high performance concrete[J]. Cement, Concrete and Aggregates, 1990, 12(2):70-78.

[60] M F Alves, R A Cremonini, D C C Dal Molin. A comparison of mix proportioning methods for high-strength concrete[J]. Cement and Concrete Composites, 2004, 26(6):613-621.

[61] De Larrard F. A survey of recent researches performed in the French "LCPC" Network on high performance concrete[A]. Proceedings of high strength concrete[C], Lillehammer, Norway, 1993:57-63.

[62] 陈建奎,王栋民. 高性能混凝土配合比设计新法——全计算法[J]. 硅酸盐学报,2000,28(4):194-198.

[63] 陈拴发,李炜光,王太山. 投料搅拌工艺对混凝土抗折强度的影响[J]. 西安公路交通大学学报,1998,18(3):212-215.

[64] 任峰,赵尚传. 粗集料矿粉吸附对混凝土性能影响的试验研究[J]. 公路交通科技(应用技术版),2007,(10):72-75.

[65] 石拥军,杨长辉,刘本万,王自强. 硅灰混凝土同条件养护等效养护龄期研究[J]. 混凝

土,2006,(7):5-10.

[66] 王鹏轶. 滨州黄河大桥高性能混凝土制备与性能研究[D]. 长春:吉林大学,2007.

[67] 黄大能,沈威. 新拌混凝土的结构和流变特征[M]. 北京:中国建筑工业出版社,1983.

[68] 杨静,覃维祖,吕剑锋. 关于高性能混凝土工作性评价方法的研究[J]. 工业建筑,1998,28(4):5-9.

[69] Eric P. Koehler,David W. Fowler. Summary of Concrete workability Test methods:Research Report ICAR - 105 - 1. 2003,(8):1-66.

[70] 覃维祖. 高强与高性能混凝土工作度评价[J]. 混凝土,1997,(3):3-9.

[71] Hu Chong,Francois de Larrard. The Rheology of Fresh High Performance Concrete[J]. Cement and Concrete Re - search. 1996,26(2):283-294.

[72] 习志臻. 粉煤灰高性能混凝土[J]. 混凝土,1999,(4):17-19.

[73] 陈兵,姚武,李悦. 微硅粉在混凝土工程中的应用[J]. 新型建筑材料,2000,(11):5-7.

[74] 惠荣炎,黄国兴. 硅粉混凝土性能的试验研究[J]. 水利水电技术,1988,(7):42-47.

[75] 陈健中. 硅粉与硅粉混凝土的应用[J]. 工业建筑,1986,(6):41-48.

[76] 杨华全. 硅粉在混凝土中的应用[J]. 人民长江,1989,(2):52-56.

[77] 马少军,张慧莉,董鹏. 双掺硅粉粉煤灰高性能混凝土的配制技术[J]. 中国农村水利水电,2005,(4):64-67.

[78] 温小栋,潘伟,许永和. 聚丙烯纤维对混凝土拌和物性能的影响[J]. 建筑技术. 2009,40(2):177-179.

[79] 李学英,马新伟,韩兆祥,等. 聚丙烯纤维混凝土的工作性与力学性能[J]. 武汉理工大学学报,2009,31(5):9-12.

[80] 黄功学. 聚丙烯纤维混凝土(砂浆)物理力学性能试验研究[D]. 郑州:郑州大学,2005.

[81] 徐至钧. 纤维混凝土技术及应用[M]. 北京:中国建筑工业出版社,2003.

[82] 过镇海. 混凝土的强度和本构关系——原理与应用[M]. 北京:中国建筑工业出版社,2004.

[83] 阎培渝. 粉煤灰在复合胶凝材料水化过程中的作用机理[J]. 硅酸盐学报,2007,35(S1):167-171.

[84] 郑翔,李卫国,占奇. 硅粉、矿渣微粉、粉煤灰在制备高性能胶凝材料中的应用[J]. 水泥技术,2009,(6):101-103.

[85] 杨坪,彭振斌. 硅粉在混凝土中的应用探讨[J]. 混凝土,2002,(1):11-13.

[86] 田文玉. 提高混凝土强度的两种途径[J]. 重庆交通学院学报,1998,17(1):87-91.

[87] 黄国平. 掺粉煤灰和硅粉混凝土的特性[J]. 水电站设计,1994,10(2):81-84.

[88] 陈昌礼,屠庆模,凌友志. 硅粉混凝土的基本性能与工程应用[J]. 新型建筑材料,2008,(4):43-46.

[89] 孙家瑛. 聚丙烯纤维对高性能混凝土抗折强度、抗冲击性能影响研究[J]. 混凝土,1999,(6):19-21.

[90] 刘数华,阎培渝. 聚丙烯纤维对高强混凝土性能的影响[J]. 材料科学与工艺,2008,16(6):885-888.

[91] Sidney Mindess,J. Francis Young,David Darwin. 混凝土[M]. 吴科如,张雄,姚武,等译. 北京:化学工业出版社,2005.

[92] 河海大学,大连理工大学,西安理工大学,等. 水工钢筋混凝土结构学[M]. 北京:中国水利水电出版社,2006.

[93] 王华宁,吕爱钟. 立方体劈裂抗拉强度的复变函数解[J]. 力学与实践,2001,27(1):27-30.

[94] 姜福田. 混凝土抗拉强度测定中的几个问题[J]. 水利发电,1986,(9):25-30.

[95] 尹健,周士琼. 高性能混凝土轴心抗拉强度与劈裂抗拉强度试验研究[J]. 长沙铁道学院学报,2001,19(2):25-29.

[96] 杨煜惠. 对混凝土弹性模量测定标准方法的几点意见[J]. 混凝土及建筑构件,1979,(2):1-6.

[97] 李清富,张鹏,张保雷. 塑性混凝土弹性模量的试验研究[J]. 水利发电,2005,(3):30-32.

[98] 黄躲兵,彭龙涛. 混凝土抗压弹性模量测定方法探讨[J]. 四川建材,2008,(1):2-4.

[99] 张竞男,胡晓波,鲍光玉,等. 粉煤灰高性能混凝土弹性模量的试验研究[J]. 混凝土,2003,168(11):42-44.

[100] 盛黎,叶青,鲍永涛,等. 混凝土有效弹性模量计算模型的探讨[J]. 混凝土,2003,166(8):10-12.

[101] Xiaoming Sharon huo,Nabil Al Omaishi,Maher K. Tadros. Creep ,Shrinkage, Modulus of Elasticity of High Performance Concrete[J]. ACI Materials Journal. 2001,98,(6):440-449.

[102] 成厚昌. 高性能混凝土的力学性能研究[J]. 重庆建筑大学学报,1999,21(3):74-77.

[103] 王元丰,梁亚平. 高性能混凝土的弹性模量与泊松比[J]. 北方交通大学学报,2004,28(1):5-7.

[104] 吕德生,汤骅. 高强混凝土弹性模量与抗压强度的相关性试验研究[J]. 混凝土与水泥制品,2001,(6):20-21.

[105] 曾志兴,陈本沛. 混凝土变形模量计算方法[J]. 福州大学学报(自然科学版),1999,24(增刊):93-96.

[106] 蔡正咏,王足献,李秀英,等. 数理统计在混凝土试验中的应用[M]. 北京:中国铁道出版社,1988.

[107] 厉汉寿. 对配制道面水泥混凝土抗折强度的研究[J]. 混凝土,1990,(6):41-47.

[108] 姜福田. 混凝土力学性能与测定[M]. 北京:中国铁道出版社,1989.

[109] 李清富,张鹏,刘晨辉. 聚丙烯纤维半刚性基层抗裂性能研究[M]. 郑州:黄河水利出版社,2010.

[110] 邓宗才. 高强混凝土的断裂韧度[J]. 混凝土,1995,(2):3-6.

[111] Carpinteri A,Cornetti P,Barpi F,etal. Cohesive crack model description of ductile to brittleesize - scale transition dimensional analysis vs. renorm alization group theory[J]. Engineering Fracture Mechanics,2003(70):1809-1839.

[112] Bazant Z,Er - Ping Chen. Scaling of structure failure[J]. Applied mechanicalreview,1997,50(10):593-627.

[113] Hillerborg A. Analysis of crack formation and growth in concrete by means of fracture mechanics and finite elements[J]. Cement and Concrete Research. 1976,(6):773-782.

[114] 徐世烺. 混凝土断裂试验与断裂韧度测定标准方法[M]. 北京:机械工业出版社,2010.

[115] 郑光俊,朱为玄,徐道远. 混凝土三点弯曲试样 K_{IC} 的计算公式研究[J]. 淮海工学院学报(自然科学版),2004,13(2):67-70.

[116] 尹双增. 断裂损伤理论及应用[M]. 北京:清华大学出版社,1992.

[117] Tada H,Paris P C,Irwin G R. The stress analysis of crack shandbook[C]. Parris Productions Incorporated,St. Louis,Missouri,USA. 1985.

[118] 徐世烺,吴智敏,丁生根. 混凝土双 K 断裂参数的实用解析方法[J]. 工程力学,2003,20(3):54-61.

[119] 吴智敏,王金来,徐世烺,等. 基于虚拟裂缝模型的混凝土等效断裂韧度[J]. 工程力学,2000,17(1):99-104.

[120] Shilang Xu and Hans W Reinhardt. A simplified method for determining double - K fracture parameters for three - point tests [J]. International Journal of Fracture, 2000, 104: 181-209.

[121] 张震. 大掺量粉煤灰混凝土断裂研究[D]. 大连:大连理工大学,2001.

[122] 蒋梅玲,袁静,徐雅娟,等. 掺粉煤灰混凝土断裂性能的试验研究[J]. 低温建筑 技术,2010,(6):13-14.

[123] 袁玲,陈贤树,李化建. 矿物掺合料对高强混凝土断裂脆性的影响[J]. 建材技术与应用,2001,(4):3-5.

[124] 李建勇,尚礼忠,姚燕,等. 磨细矿渣和硅灰高强高性能混凝土的断裂脆性研究[J]. 山东建材学院学报,1998,12(S1):77-79.

[125] 单风枝,赵人达. 聚丙烯纤维混凝土断裂能试验研究[C]. 第十届全国纤维混凝土学术会议论文集,上海:479-483.

[126] 姚志雄,周健,周瑞忠. 活性粉末混凝土断裂性能的试验研究[J]. 建筑材料学报,2006,(6):11-15.

[127] Hillerborg A. The theoretical basis of a method to determine the fracture energy GF of concrete[J]. Materials and Structures,1985,18(106):291-296.

[128] Appa G Rao,B KRaghu Prasad. Fracture energy and softening behavior of high - strength

concrete[J]. Cement and Concrete Research,2002,(32):247-252.

[129] 徐世烺,赵国藩,刘毅,等. 三点弯曲梁法研究混凝土断裂能及其试件尺寸影响[J]. 大连理工大学学报,1991,31(1):79-86.

[130] 徐世烺,赵国藩. 混凝土断裂力学研究[M]. 大连:大连理工大学出版社,1991.

[131] 钱觉时,范英儒,袁江. 三点弯曲法测定混凝土断裂能的尺寸效应[J]. 重庆建筑大学报,1995,17(2): 1-8.

[132] 王宝庭,张廷毅,高丹盈. 混凝土断裂能产生尺寸效应的原因探讨[J]. 水利水电科技进展,2008,28(6): 9-11.

[133] 孟建党. 基于正交试验的高性能混凝土断裂性能影响因素分析[J]. 混凝土,2010,10(252): 56-59.

[134] 王占桥. 纤维增强与加固混凝土断裂与粘结性能[D]. 郑州:郑州大学,2007.

[135] 邓敏,唐明述. 混凝土的耐久性与建筑业的可持续发展[J]. 混凝土,1999(2):8-12.

[136] 程云红,刘斌. 混凝土结构耐久性研究现状及趋势[J]. 东北大学学报, 2003,24(6): 600-605.

[137] 张誉,蒋利学,张伟平,等. 混凝土结构耐久性概论[M]. 上海:上海科学技术出版社,2003.

[138] 李志勇,姚佳良,张宇,等. 关于混凝土抗渗试验方法的研究[J]. 混凝土, 2006(2): 57-60.

[139] 陈文峰,刘芳玲. 影响混凝土抗渗性能主要因素分析[J]. 混凝土, 2006,8(4): 109-111.

[140] 陈帮春,黄永华. 浅谈提高混凝土抗渗性能的措施[J]. 科技传播, 2009(11):76-77.

[141] 曹红萍. 提高防水混凝土抗渗性能的几项措施[J]. 山西冶金, 2008(3):49-51.

[142] 陈月顺,刘莉,吴宏伟. 粉煤灰掺量对混凝土抗渗性影响的研究[J]. 新型建筑材料, 2007(3):19-22.

[143] 鞠丽艳,李勇,张雄. 聚丙烯纤维与粉煤灰的协同效应[G]. 第十届全国纤维混凝土学术会议论文集, 2004:472-478.

[144] 蔡路,陈太林,王浩. 硅灰增强混凝土抗氯离子渗透性能研究[J]. 北方交通, 2006(8):3-5.

[145] 陈昌礼,屠庆模,凌有志. 硅粉混凝土的基本性能与工程应用[J]. 新型建筑材料, 2008(4):43-47.

[146] 孙永波,曾力,陈攀,等. 掺合料对砂浆抗渗性能影响的研究[J]. 中国水利水电, 2009(11):12-16.

[147] Detwiler R J, Kojundic T, Fidjestol P. Evaluation of Bridge Deck Overlays[J]. Concrete International,1997,19(8):43-45.

[148] Gao Peiwei, shrinkage and expansive strain of concrete with fly ash and expansive agent [J]. Wuhan University of Technology Materials Science, 2009, 24(1):150-201.

[149] 余崇俊,胡勇,刘国忠. 聚丙烯纤维增强混凝土的试验研究[J]. 国外建材科技, 2007, 28(4):19-22.

[150] 刘运冬. 混凝土盐冻破坏机理研究进展[J]. 粉煤灰综合利用, 2010(1):49-52.

[151] 中华人民共和国行业标准. JTS 202—2011 水运工程混凝土施工规范[S]. 北京:人民交通出版社,2011.

[152] 中华人民共和国国家标准. GB 50010—2002 混凝土结构设计规范[S]. 北京:中国建筑工业出版社,2002.

[153] 范沈抚,关英俊,甄永严. 掺粉煤灰混凝土的抗冻性试验研究[J]. 水利水电技术, 1986(3):15-19.

[154] 游有鲲,缪昌文,慕儒. 粉煤灰高性能混凝土抗冻性研究[J]. 混凝土与水泥制品, 2000(5):14-15.

[155] 李兴翠,邓德华,何富强. 混凝土中含气量影响因素研究[J]. 低温建筑技术, 2008(1):17-19.

[156] 董详,沈正. 机场道面纤维混凝土的抗冻性试验[J]. 混凝土与水泥制品, 2010(4):45-49.

[157] 董详,沈正. 纤维品种和掺量对混凝土抗冻性及微观结构的影响[J]. 南京林业大学学报, 2010,34(5):91-96.

[158] 张梅. 高桩码头耐久性研究——混凝土碳化程度对氯离子扩散系数影响的试验研究[D]. 上海:同济大学,2007.

[159] 中华人民共和国行业标准. GB/T 50082—2009 普通混凝土长期性能和耐久性试验方法标准[S]. 北京:中国建筑工业出版社, 2010.

[160] 程云虹,闫俊,刘斌,等. 粉煤灰混凝土碳化性能试验研究[J]. 公路, 2007(12):160-162.

[161] 翁家瑞. 高性能混凝土的干燥收缩和自生收缩试验研究[D]. 福州:福州大学,2005.

[162] 冯志龙. 混凝土的干缩机理研究[J]. 应用能源技术, 2008(11):12-14.

[163] 林永权,文梓芸. 预拌混凝土强度和裂缝问题的系统分析[J]. 混凝土, 2002(5):26-30.